力学の基礎

力学教科書編集委員会 編

学術図書出版社

はじめに

本書は大学1年次を対象とした力学の教科書として書かれている．しかし，大学初年級の力学で扱う内容は，実は高校物理とほとんど同じである．異なっているのは，得られる結果が公式として与えられるか，運動方程式から導くか，という点である．1年生の中には物理は暗記科目であると思っている者もいるかもしれない．この問題にはこの公式，あの問題にはあの公式を当てはめればよい，という考えは物理学の基本的な考え方とは異なる．1つのやり方がどんな場合にでも使える，そういう方法を見つけ出すのが物理学である．われわれが大学の講義を通して学んでほしいと考えていることは，物理学 (他の科学も同じである) は，少ない原理 (仮定) から出発してより多くのことを説明できるように作られている，ということである．ここで習う力学に関しては，出発点は運動方程式である．そして，これまで公式として学んできたことが，どのように運動方程式から導かれるか，ということを学んでほしい．

一方，運動方程式から結果を導くための手段は数学である．自然は数学という言葉を用いて書かれているのである．したがって，仮に運動方程式が書けたとしても，数学を知らなければ，解くことができない．学生の諸君には，物理に必要な数学はどうしても学んでもらわなければならない．そこで，本書では最初に物理で必要な数学の準備を行い，その後に物理の話へ進むという形をとる．いったん物理の話に入ると数学の知識があるものとして話が進められるので，不安な点がなくなるまでよく勉強しておいてほしい．

2015年9月

著者一同

目　次

第 1 章　数学の準備　1

1.1　関数の復習 1
1.2　ベクトル 7
1.3　位置・速度・加速度 9

第 2 章　物理の復習　14

2.1　等速度運動 14
2.2　等加速度運動 14
2.3　等速円運動 15
2.4　軌道 16
2.5　単位と次元 17
2.6　力とは 18

第 3 章　質点の力学　— 落体 —　28

3.1　等速度運動 28
3.2　等加速度運動 30
3.3　落体の運動 32
3.4　抵抗のある運動 34

第 4 章　質点の力学　— 振動 —　43

4.1　単振動 43
4.2　単振動の解き方：その 2 48
4.3　減衰振動 52
4.4　強制振動 55
4.5　その他の振動 57
4.6　極座標 60

第 5 章　保存則　66

5.1　仕事とエネルギー 66
5.2　保存力 72
5.3　ポテンシャル 77

5.4　運動量保存則 79
5.5　角運動量保存則 81

第 6 章　剛体　89

6.1　剛体の運動方程式 89
6.2　重心 (質量中心) 92
6.3　力のつりあい 96
6.4　慣性モーメント 99
6.5　剛体の回転運動 103
6.6　その他 108

公式集　116

索引　120

数学の準備

力学で最低限必要な数学は，いくつかの関数，微分，積分，ベクトルである．なぜなら，後で扱う運動方程式はベクトルの微分という形で書かれている．それを解くためには積分をしなければならない．積分の結果としていろいろな関数が現れる，ということだからである．これらの手順を踏むためには，単に微積分の公式を知っているだけではなく，それを使いこなせることが必要となる．そのためには，問題を解くなどの練習を数多くこなして腕に覚えさせないといけない．本を見ただけではなかなか使えるようにはならない．頭ではなく手で覚えることが必要なのである．

1.1　関数の復習

すでに知っている者にとっては不要かもしれないが，確認の意味も含めていくつかの関数についての公式をまとめておく[*1]．

三角関数

図のように，半径 r の円周上の点 (x, y) から円の中心に線を引き，それと x 軸の間の角度を θ とする．三角関数 (trigonometric function) は，以下のような x, y, r の比で表される関数である．

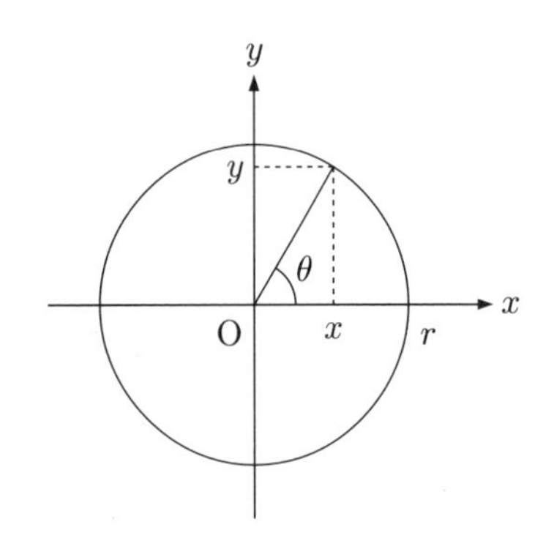

$$\cos\theta = \frac{x}{r}$$

$$\sin\theta = \frac{y}{r}$$

$$\tan\theta = \frac{y}{x} = \frac{\sin\theta}{\cos\theta}$$

角度 θ はラジアン (radian) で表す．ラジアンは半径 1 の円の弧の長さで角度を表現したものであるので，2π はちょうど 360° に対応する．したがって，半径 r の円なら弧の長さは $r\theta$ と

[*1] まえがきで物理は暗記ではないと書いたくせに公式とは何事か，と思う人もいるかもしれない．簡単にいうと，数学は定義と定理から成り立っているので，形の上では定義さえ知っていれば後はすべて導けるはずのものである．だから定理も公式も導くことができる．でもいつもそれをやっていると時間がかかってしまうので，その結果を公式として覚えておけば手間が省ける．公式とはそういうものである．ただし，数学の勉強では，どうしてその公式が出てくるのかを理解しなければならないのと同じように，物理の勉強では，どうしてその物理の公式が出てくるのかを理解しなければならない．これがいまからやることである．

なる*2.

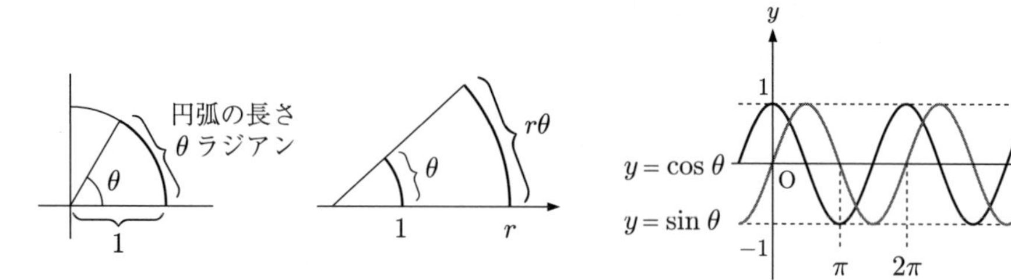

x 軸と y 軸は $\dfrac{\pi}{2}$ (90°) の角度になっているので，角が θ のときの x 座標の値 $\cos\theta$ と，角 $\theta+\dfrac{\pi}{2}$ のときの y 座標の値 $\sin\theta$ が同じ値になる．関数のグラフを描くと，図のように同じ形で $\dfrac{\pi}{2}$ ずれたものになる．

三角関数について知っておくとよいのは，加法定理である．

$$\sin(\alpha+\beta) = \sin\alpha\cos\beta + \cos\alpha\sin\beta$$

$$\cos(\alpha+\beta) = \cos\alpha\cos\beta - \sin\alpha\sin\beta$$

その他のよく知られた三角関数の性質は，図とグラフをよく見れば簡単に導くことができる．また，あとでオイラーの公式を学ぶが，そのときに，複素数を使うと加法定理の式も簡単に導けることがわかる．

$$\sin^2\theta + \cos^2\theta = 1 \qquad \text{: 三平方の定理より}$$

$$\sin(-\theta) = -\sin\theta \qquad \text{: 奇関数の性質}$$

$$\cos(-\theta) = \cos\theta \qquad \text{: 偶関数の性質}$$

$$\sin\left(\theta+\frac{\pi}{2}\right) = \cos\theta$$

三角関数は，力学では斜面上の運動や振動，回転運動などで登場する．

指数関数・対数関数

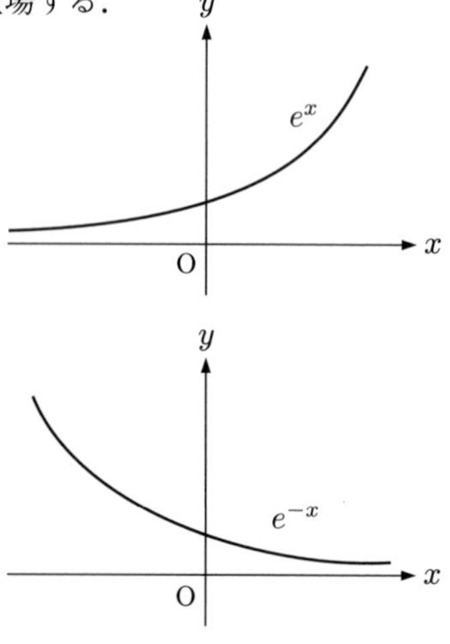

指数関数 (exponential function) はベキ乗の指数を実数に拡張した関数である．たとえば，2^3 では 2 が底，3 が指数である．ただし，力学で登場するのは，底が e(自然対数の底と呼ばれ，値は約 2.7) の関数

$$y = e^x$$

だけである．対数関数 (logarithmic function) は指数関数

*2 後で出る次元の話との対応でいうと，ラジアンは弧の長さを半径で割った比の値である，とした方がより正確である．

の逆関数であり，

$$y = \log x$$

と書く ($\ln x$ と書くこともある)．指数，対数に関しては，逆関数であること

$$y = e^x \Longleftrightarrow x = \log y$$

という性質は最低限知っておかなければならない．したがって，$e^{\log x} = x$ や $\log(e^x) = x$ が成り立つ．また，

$$e^{(a+b)} = e^a e^b$$

$$\log x^a = a \log x$$

$$\log ab = \log a + \log b$$

も覚えておくとよい．指数，対数は，力学では抵抗や摩擦があって，運動が減衰していくときに登場する．そのときには指数関数が大小関係のほとんどを決めることを利用する．たとえば，x を大きくしていくと e^x は x^{10000} より大きくなる．この教科書の範囲では，$f(x) \cdot e^{-x}$ の値は $f(x)$ が何であっても x を大きくしていくとゼロになると思ってよい．

微分・積分

微積分については，講義の都合上，記号の書き方と計算ルールだけは理解しておいてほしい (本来は微積分の意味も理解しておくべきである)．

微分 (differential, differentiation) の記号についての注意は以下の通りである．

- 高校で習った微分 y' の $'$(ダッシュ) という記号は原則使わない．
  y が x の関数のときならこれでもよいが，力学では通常 x や y が時間 t の関数であるので，ダッシュでは正しく表現できない．たとえば，$y = \sin x$ は x で微分するか t で微分するかで結果が異なる (合成関数の微分を参照)．
- y を x で微分するときは，$\dfrac{dy}{dx}$ と書く．y を t で微分するときは，$\dfrac{dy}{dt}$ である．たとえば，$y = at^2 + bt + c$ を t で微分すると以下のようになる[*3]．
  $$\frac{dy}{dt} = \frac{d}{dt}(at^2 + bt + c) = 2at + b$$
- 微分を 2 回行う (2 階微分という) 場合は以下のように書く．
  $$\frac{d^2y}{dt^2} = \frac{d}{dt}\left(\frac{dy}{dt}\right) = \frac{d}{dt}\Big(2at + b\Big) = 2a$$

[*3] y を t で微分する式として，たまに $y\dfrac{d}{dt}$ と書く学生が現れる．微分されるもの (この場合は y) は，微分記号の右側に書かなければならない．

- 時間 t で微分する場合は，特に $\dfrac{dx}{dt} = \dot{x}$ (エックス・ドットと読む) や $\dfrac{d^2y}{dt^2} = \ddot{y}$ (ワイ・ツードットと読む) などのドットという記号もよく使われる．

積分 (integral, integration) の記号は高校で習うものと同じである．

$$\text{不定積分}: \int (2t+a)\,dt = t^2 + at + C \quad (C\text{ は積分定数})$$

$$\text{定積分}\ : \int_a^b 2x\,dx = \Big[x^2\Big]_a^b = b^2 - a^2$$

関数の微分の公式

$$\frac{d}{dt}\Big(t^n\Big) = nt^{n-1}$$

$$\frac{d}{dt}\Big(\sin t\Big) = \cos t$$

$$\frac{d}{dt}\Big(\cos t\Big) = -\sin t$$

$$\frac{d}{dt}\Big(e^t\Big) = e^t$$

$$\frac{d}{dt}\Big(\log t\Big) = \frac{1}{t}$$

および，2つの微分の公式

$$\text{関数の積の微分}: \frac{d}{dx}\Big(f(x)g(x)\Big) = \frac{df}{dx}\cdot g(x) + f(x)\cdot\frac{dg}{dx}$$

$$\text{合成関数の微分}: \frac{d}{dx}\Big(f[g(x)]\Big) = \frac{df(u)}{du}\cdot\frac{du}{dx} = \frac{df}{du}\cdot\frac{dg}{dx}$$

は覚えておかなければならない．合成関数の f の微分では $g(x) = u$ と置き換える．$f(u)$ をいったん u で微分し，その $u = g(x)$ を x で微分するという形になる．u は計算の最後で $g(x)$ に戻す．

関数の積の微分は，高校では $(f\cdot g)' = f'\cdot g + f\cdot g'$ という形で習うものであり，たとえば

$$\begin{aligned}\frac{d}{dx}\,(x^3\sin x) &= \frac{d}{dx}(x^3)\cdot\sin x + x^3\cdot\frac{d}{dx}(\sin x)\\ &= 3x^2\cdot\sin x + x^3\cdot\cos x\end{aligned}$$

のようになる．合成関数の微分での文字の置き換えは，たとえば[*4]

$$\begin{aligned}\frac{d}{dt}[\sin(t^2)] &= \frac{d}{dt}(\sin u) && (t^2\text{を } u \text{ に置き換える})\\ &= \frac{d}{du}(\sin u)\cdot\frac{du}{dt} && (t\text{ の代わりに } u \text{ で微分し，} u \text{ を } t \text{ で微分する})\\ &= \frac{d}{du}(\sin u)\cdot\frac{d}{dt}(t^2) && (\text{後半は } u = t^2\text{を入れて計算する})\end{aligned}$$

[*4] $\sin^2 x = (\sin x)^2$ であり，$\sin x^2 = \sin(x^2)$ である．また，今後 $\sin(at)$ などの係数のついている関数も括弧なしで $\sin at$ と書くことに注意すること．

$$= (\cos u) \cdot (2t) \qquad (\text{微分の計算})$$

$$= 2t \cos(t^2) \qquad (u \text{ を } t^2 \text{ に戻す})$$

というようになる．力学ではほとんどの微積分計算に合成関数の微分が含まれるので，間違いなくできることが必要になる．

例題 1.1 $e^{-\alpha t}$ を t で微分せよ．

解答 $u = -\alpha t$ とすると，$\dfrac{du}{dt} = \dfrac{d}{dt}(-\alpha t) = -\alpha$ なので

$$\begin{aligned} \frac{d}{dt}(e^{-\alpha t}) &= \frac{d}{du}(e^u) \cdot \frac{du}{dt} \\ &= e^u \cdot (-\alpha) \\ &= -\alpha e^{-\alpha t} \end{aligned}$$

∎

積分の公式は基本的には必要ない．なぜなら，計算としては積分と微分は逆の計算をすることになるからである．もし積分ができたとすると，その結果を微分したときに，積分する前の式に戻らなければならない[*5]．したがって，微分の計算ができれば積分もできることになる．最初の答をうまく見つけるには修行を積む必要がある．参考のために書いておくと最低限の不定積分の公式は

$$\begin{aligned} \int t^{n-1}\, dt &= \frac{1}{n} t^n + C \\ \int \sin t\, dt &= -\cos t + C \\ \int \cos t\, dt &= \sin t + C \\ \int e^t\, dt &= e^t + C \\ \int \frac{1}{t}\, dt &= \log|t| + C \end{aligned}$$

である．積分定数の C は重要な役目があるので，決して落としてはならない．

また，微分の公式に対応して積分の公式もある．積の微分に対応するものは部分積分，合成関数の微分に対応するものは置換積分である．気をつけて見ると，物理の積分はほとんどが置換積分に相当するので，これもあらかじめ練習しておいた方がよい．たとえば，前ページの合成関数の微分の例を，置換積分に置き換えて考えてみると，

$$\int 2t \cos(t^2)\, dt = \int 2t \cos(u)\, dt \qquad (t^2 = u \text{ とする})$$

[*5] 学生の諸君は，仮に積分をよく知っていて答に自信があっても，積分結果を再度微分してチェックする，というクセをつけた方がよい．

$$
\begin{aligned}
&= \int 2t \cos u \cdot \frac{dt}{du}\, du \quad (dt \text{ 積分を } du \text{ 積分に置き換える}) \\
&\qquad\qquad\qquad\qquad \left(t^2 = u \text{ を } u \text{ で微分して } 2t\frac{dt}{du} = 1\right) \\
&= \int 2t \cos u \cdot \frac{1}{2t}\, du \quad \left(\frac{dt}{du} = \frac{1}{2t} \text{ を代入}\right) \\
&= \int \cos u\, du \\
&= \sin u + C \qquad\qquad (\text{不定積分}) \\
&= \sin(t^2) + C \qquad\quad (u \text{ を } t^2 \text{ に戻す})
\end{aligned}
$$

となる．ただし，この程度なら置換しなくてもできるようになることが望ましい．積分の計算方法については，実際に必要になったときに再度解説する．

例題 1.2　$e^{-\alpha t}$ を t で不定積分せよ．

解答　$u = -\alpha t$ とすると，$\dfrac{du}{dt} = -\alpha$ なので，$\dfrac{dt}{du} = -\dfrac{1}{\alpha}$ が得られる．

$$
\begin{aligned}
\int e^{-\alpha t} dt &= \int e^u dt \\
&= \int e^u \frac{dt}{du} du \\
&= \int \left(-\frac{1}{\alpha}\right) e^u du \\
&= -\frac{1}{\alpha} e^u + C \\
&= -\frac{1}{\alpha} e^{-\alpha t} + C
\end{aligned}
$$

∎

関数と微積分に関するその他の性質，公式は巻末にまとめてあるので，必要ならそれを参照してほしい．しかし，それらの公式の多くは本文中の式から容易に導くことができるので，覚えなければならないというようなものではない．

これから学ぶのは，運動方程式の解き方である．運動方程式には微分が含まれている．解くためには積分をしなければならない．したがって，今後，物体の運動を扱うときは微積分は必ず現れる．避けて通ることはできない．

1.2 ベクトル

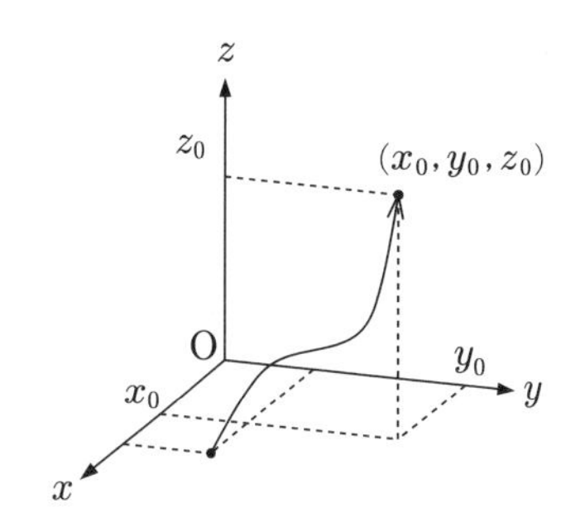

力学では物体の運動を扱う．したがって，まず物体の位置を表す必要があり，多くの場合，x, y, z 座標を用いる．座標の値 (x, y, z) のような数値のセットをベクトル (vector) と呼ぶ．平面上の運動を考える場合は (x, y) のように 2 つの数値で表すこともある．

ベクトルを表す記号は，$\boldsymbol{A}$, $\boldsymbol{B}$, $\boldsymbol{C}$ のような太字で表す．ただし，黒板では $\mathbb{A}$, $\mathbb{B}$, $\mathbb{C}$ のように書く．ノートにも太字と細字を区別して書けるように練習しておく必要がある[*6]．x, y, z 座標の成分に分解したときは

$$\boldsymbol{A} = (A_x, A_y, A_z)$$

と書く．添え字 x は A_x がベクトルの x 座標方向の成分であることを表す．分解したときは，数値のセットではなくなるので，細字になる．

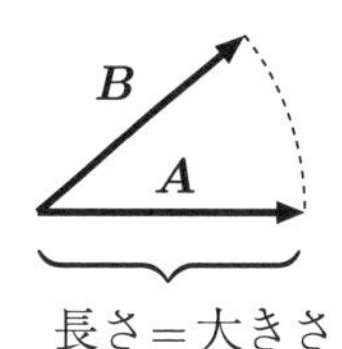

ベクトルはおおざっぱにいえば矢印で表現できる量で，x, y, z 成分で表す以外にも矢印の長さと向きで表すこともできる．矢印の長さをベクトルの大きさといい，$|\boldsymbol{A}|$ または単に A と表す．

$$|\boldsymbol{A}| = A = \sqrt{{A_x}^2 + {A_y}^2 + {A_z}^2}$$

となる．ベクトルに対して，このような数値 1 つで表される量をスカラー (scalar) と呼ぶ．大きさが同じでも，向きが異なれば異なるベクトルである．図の $\boldsymbol{A}$ と $\boldsymbol{B}$ は同じ大きさではあるが，異なるベクトルである．

ベクトルの計算

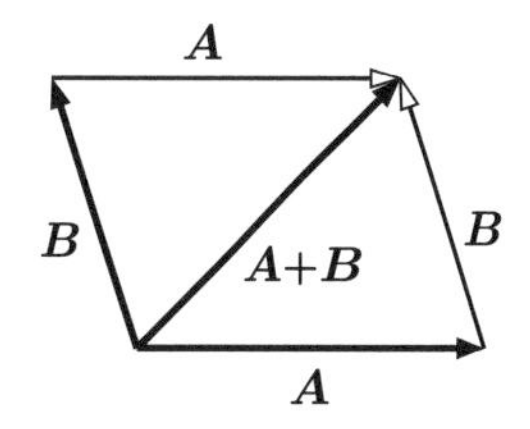

ベクトル同士の和，差や定数倍は，各成分に同じ計算をするだけである．

$$\boldsymbol{A} + \boldsymbol{B} = (A_x + B_x,\ A_y + B_y,\ A_z + B_z)$$

$$5\boldsymbol{A} = (5A_x,\ 5A_y,\ 5A_z)$$

図のように，$\boldsymbol{A}$, $\boldsymbol{B}$ が辺となる平行四辺形を作ると，その対角線が $\boldsymbol{A} + \boldsymbol{B}$ となる．また，$\boldsymbol{A}$ の終点と $\boldsymbol{B}$ の始点でつないで作った折れ曲がった道筋を 1 つのベクトルとして見たものという理解もできる．なお，ベクトルの差 $\boldsymbol{A} - \boldsymbol{B}$ は，$\boldsymbol{A}$ と $-\boldsymbol{B}$ ($\boldsymbol{B}$ を逆向きにしたベクトル) の和である．それは平行四辺形のもう 1 つの対角線に等しい．

[*6] ω と w，γ と r なども練習が必要である．

一方，ベクトル同士の積には，内積 (inner product) と外積 (outer product) の2種類の計算がある．**内積**は x, y, z 成分で表すと

$$\boldsymbol{A}\cdot\boldsymbol{B} = A_xB_x + A_yB_y + A_zB_z = \boldsymbol{B}\cdot\boldsymbol{A}$$

である．この内積の・は省略することはできない．ノートでは • のように目立つように書くこと．内積の結果得られる量は1つの数値，スカラーなので，内積をスカラー積ともいう．2つのベクトル $\boldsymbol{A}$, $\boldsymbol{B}$ を図のように考えると，内積は

$$\boldsymbol{A}\cdot\boldsymbol{B} = |\boldsymbol{A}||\boldsymbol{B}|\cos\theta = AB\cos\theta$$

となり，ベクトルの向きのそろいぐあいのような意味をもつ．同じ向きなら最大，逆向きなら最小 (負の値)，垂直であればゼロとなる．

ベクトルの**外積**は[*7]

$$\boldsymbol{A}\times\boldsymbol{B} = (A_yB_z - A_zB_y,\ A_zB_x - A_xB_z,\ A_xB_y - A_yB_x)$$

である．外積で得られる量 $\boldsymbol{A}\times\boldsymbol{B}$ はベクトルなので，外積をベクトル積ともいう．ベクトル $\boldsymbol{A}\times\boldsymbol{B}$ の向きは $\boldsymbol{A}$ とも $\boldsymbol{B}$ とも垂直になり，その大きさは $AB\sin\theta$ となる[*8]．ただし，$\boldsymbol{A}$, $\boldsymbol{B}$ と垂直なベクトルは2つあり，1つは $\boldsymbol{A}\times\boldsymbol{B}$，もう1つは $\boldsymbol{B}\times\boldsymbol{A}$ である．つまり，$\boldsymbol{A}\times\boldsymbol{B} = -\boldsymbol{B}\times\boldsymbol{A}$ である．ここで，$\boldsymbol{A}\times\boldsymbol{B}$ の向きは，$\boldsymbol{A}$ を右 (時計回り) に回して $\boldsymbol{B}$ に合わせたときに右ねじの進む向きである．ただし，角 θ は $0<\theta<\pi$ で考える．$\boldsymbol{A}$ と $\boldsymbol{B}$ が平行なとき $\boldsymbol{A}\times\boldsymbol{B} = \boldsymbol{0}$ となる．ここで $\boldsymbol{0}$ はゼロベクトル $\boldsymbol{0} = (0,0,0)$ である．

ベクトルに対して微分の計算もすることができる．x, y, z 成分で表したときには各成分をそれぞれ微分すればよい．たとえば，$\boldsymbol{A} = (x^2,\ 3,\ \sin x)$ なら

$$\begin{aligned}\frac{d\boldsymbol{A}}{dx} &= \left(\frac{dA_x}{dx},\ \frac{dA_y}{dx},\ \frac{dA_z}{dx}\right)\\ &= (\ 2x\ ,\quad 0\ ,\ \cos x\ )\end{aligned}$$

である．

例題 1.3　$\boldsymbol{F} = (F\cos\theta, F\sin\theta, 0)$ と $\boldsymbol{R} = (a, b, c)$ の内積 $\boldsymbol{F}\cdot\boldsymbol{R}$ と，外積 $\boldsymbol{F}\times\boldsymbol{R}$ を計算せよ．

解答　内積は

$$\begin{aligned}\boldsymbol{F}\cdot\boldsymbol{R} &= F_xR_x + F_yR_y + F_zR_z\\ &= F\cos\theta\cdot a + F\sin\theta\cdot b + 0\cdot c\\ &= Fa\cos\theta + Fb\sin\theta\end{aligned}$$

---

*7 ここから先は高校で習っていないが，後で見るのに便利なので，一緒にまとめておく．

*8 これは $\boldsymbol{A}$ と $\boldsymbol{B}$ で作られる平行四辺形の面積に等しい．しかし，$\boldsymbol{A}$, $\boldsymbol{B}$ は長さを表す量とは限らないので，m^2 の単位をもついわゆる面積と思ってはいけない．

外積は

$$\begin{aligned}\boldsymbol{F}\times\boldsymbol{R} &= (\ F_yR_z - F_zR_y\ ,\quad F_zR_x - F_xR_z\ ,\quad F_xR_y - F_yR_x) \\ &= (F\sin\theta\cdot c - 0\cdot b\ ,\quad 0\cdot a - F\cos\theta\cdot c\ ,\quad F\cos\theta\cdot b - F\sin\theta\cdot a) \\ &= (\ Fc\sin\theta\ ,\quad -Fc\cos\theta\ ,\quad Fb\cos\theta - Fa\sin\theta)\end{aligned}$$

∎

単位ベクトル

ベクトルの表現の仕方には，$\boldsymbol{i}$, $\boldsymbol{j}$, $\boldsymbol{k}$ という，それぞれ x, y, z 軸方向に向いた単位ベクトル (unit vector, 大きさが 1 のベクトル) を用いるものがある．$\boldsymbol{i}$, $\boldsymbol{j}$, $\boldsymbol{k}$ は x, y, z 成分で表すと

$$\boldsymbol{i} = (1, 0, 0)$$

$$\boldsymbol{j} = (0, 1, 0)$$

$$\boldsymbol{k} = (0, 0, 1)$$

である．これを用いると

$$\boldsymbol{A} = (A_x, A_y, A_z) = A_x\boldsymbol{i} + A_y\boldsymbol{j} + A_z\boldsymbol{k}$$

のように，1 つのベクトルを 3 つのベクトルの和で表すことができる．$\boldsymbol{i}$, $\boldsymbol{j}$, $\boldsymbol{k}$ に対する内積と外積の計算が

$$\boldsymbol{i}\cdot\boldsymbol{i} = \boldsymbol{j}\cdot\boldsymbol{j} = \boldsymbol{k}\cdot\boldsymbol{k} = 1$$

$$\boldsymbol{i}\times\boldsymbol{j} = \boldsymbol{k}$$

$$\boldsymbol{j}\times\boldsymbol{k} = \boldsymbol{i}$$

$$\boldsymbol{k}\times\boldsymbol{i} = \boldsymbol{j}$$

という形になることを利用してベクトルの計算を行う．

$\boldsymbol{i}$, $\boldsymbol{j}$, $\boldsymbol{k}$ は通常，**基底ベクトル** (base vector)，**基本ベクトル**と呼ばれ，$\boldsymbol{e}_x$, $\boldsymbol{e}_y$, $\boldsymbol{e}_z$ や，$\boldsymbol{e}_1$, $\boldsymbol{e}_2$, $\boldsymbol{e}_3$ などの記号で表されることもある．

1.3 位置・速度・加速度

ベクトルの微分を用いると，力学に登場する基本的な量を理解することができる．1.2 節で述べたように，物体の位置は x, y, z 座標で表されるので，ベクトルである．物体の位置を表す**位置ベクトル** (position vector) は $\boldsymbol{r}$ と書く．物体が運動すると位置が時間とともに変化するため，$\boldsymbol{r}$ も x, y, z も時間 t の関数としなければならない．すなわち

$$\boldsymbol{r}(t) = (x(t),\ y(t),\ z(t))$$

である．以後は，簡単のために (t) は省略するが，このテキストで登場する変数は時間 t の関数であると思っておくこと．

ベクトル $\boldsymbol{r}$ を時間 t で微分して得られる量

$$\frac{d\boldsymbol{r}}{dt} = \left(\frac{dx}{dt},\ \frac{dy}{dt},\ \frac{dz}{dt}\right)$$

が**速度** (velocity) $\boldsymbol{v} = (v_x, v_y, v_z)$ である．なぜなら，たとえば座標 x の微分は

$$\frac{dx}{dt} = \lim_{\Delta t \to 0} \frac{\Delta x}{\Delta t}$$

であるが，右辺は時間 Δt の間に変化した x 座標の値 Δx を Δt で割ったものである．すなわち，移動距離を移動時間で割ったものなので速さと同じ意味をもっているからである．速度 $\boldsymbol{v}$ はベクトル $\boldsymbol{r}$ を微分したものなので，やはりベクトルである．速度がベクトルであることを強調するために速度ベクトルということもある．$\dfrac{dx}{dt}$ や $\dfrac{dy}{dt}$ は，それぞれ速度の x 成分，y 成分となる．

速度 $\boldsymbol{v}$ の大きさ $|\boldsymbol{v}|$ を**速さ** (speed) v と呼ぶ．速度がベクトルであるのに対して，速さはスカラーである．

$$\begin{aligned} v = \ |\boldsymbol{v}| \ &= \sqrt{{v_x}^2 + {v_y}^2 + {v_z}^2} \\ = \left|\frac{d\boldsymbol{r}}{dt}\right| &= \sqrt{\left(\frac{dx}{dt}\right)^2 + \left(\frac{dy}{dt}\right)^2 + \left(\frac{dz}{dt}\right)^2} \end{aligned}$$

同様に，ベクトル $\boldsymbol{v}$ を時間 t で微分して得られる量

$$\frac{d\boldsymbol{v}}{dt} = \left(\frac{dv_x}{dt},\ \frac{dv_y}{dt},\ \frac{dv_z}{dt}\right)$$

は速度の変化を表すので，**加速度** (acceleration) $\boldsymbol{a} = (a_x, a_y, a_z)$ になる．速度と同様，加速度がベクトルであることを強調するために加速度ベクトルということもある．加速度は速度を微分したものであるが，位置ベクトルから見ると2階微分になっている．

まとめると，

$$\begin{aligned} \text{位置：}\quad \boldsymbol{r} \quad &= (x,\ y,\ z) \\ \text{速度：}\quad \boldsymbol{v} \quad &= (v_x,\ v_y,\ v_z) \\ =\frac{d\boldsymbol{r}}{dt} \quad &= \left(\frac{dx}{dt},\ \frac{dy}{dt},\ \frac{dz}{dt}\right) \\ \text{加速度：}\quad \boldsymbol{a} \quad &= (a_x,\ a_y,\ a_z) \\ =\frac{d\boldsymbol{v}}{dt} \quad &= \left(\frac{dv_x}{dt},\ \frac{dv_y}{dt},\ \frac{dv_z}{dt}\right) \\ =\frac{d^2\boldsymbol{r}}{dt^2} &= \left(\frac{d^2x}{dt^2},\ \frac{d^2y}{dt^2},\ \frac{d^2z}{dt^2}\right) \end{aligned}$$

である．たとえば，物体の位置が

$$x = a_1 t + a_2$$

$$y = b_1 t^2 + b_2 t + b_3$$

$$z = c_1 \sin t$$

と表されたとすると，速度は

$$v_x = \frac{dx}{dt} = a_1$$

$$v_y = \frac{dy}{dt} = 2b_1 t + b_2$$

$$v_z = \frac{dz}{dt} = c_1 \cos t$$

加速度は

$$a_x = \frac{dv_x}{dt} = \frac{d^2x}{dt^2} = 0$$

$$a_y = \frac{dv_x}{dt} = \frac{d^2y}{dt^2} = 2b_1$$

$$a_z = \frac{dv_x}{dt} = \frac{d^2z}{dt^2} = -c_1 \sin t$$

となる．

例題 1.4　物体の位置が $\boldsymbol{r} = (at + b,\ c\sin\omega t + d)$ であるとき，速度と速さを計算せよ．

解答　速度は

$$v_x = \frac{dx}{dt} = a$$

$$v_y = \frac{dy}{dt} = c\omega \cos \omega t$$

速さは

$$v = \sqrt{{v_x}^2 + {v_y}^2}$$

$$= \sqrt{a^2 + c^2\omega^2 \cos^2 \omega t}$$

▮

◆◆練習問題1◆◆

1. 次の式を x で微分せよ．

(1) $ax^{100}+b$　(2) $(ax+b)^{100}$　(3) $(ax^2+b)^{100}$　(4) e^{ax+b}　(5) e^{ax^2+b}

2. 次の式を t で微分せよ．

(1) $\log(at+b)$　(2) $\log(at^2+b)$　(3) $\log[(at+b)^2]$　(4) $t\log(t)$　(5) $t\log(at+b)$

3. 次の式を t で微分せよ．

(1) $a\cos(\omega t+\alpha)$　(2) $\sin(\omega t^2+\alpha)$　(3) $\cos(t^2+a^2)$　(4) $t^2\sin(at^2+b)$

(5) $\cos^2(\omega t+\alpha)$　(6) $\sin[(\omega t+\alpha)^2]$

4. 次の式を x で不定積分せよ．

(1) $ax^{100}+b$　(2) $(ax+b)^{100}$　(3) $x(ax^2+b)^{100}$　(4) e^{ax+b}　(5) $x\,e^{ax^2+b}$

5. 次の式を t で不定積分せよ．

(1) $\dfrac{1}{at+b}$　(2) $\dfrac{1}{(at+b)^2}$　(3) $a\cos(\omega t+\alpha)$　(4) $a\sin(at+b)$

6. 次の式を t で不定積分せよ．ただし，問題に書かれた置換をして積分すること．

(1) $\dfrac{t}{at^2+b}$　($at^2+b=x$ と置換)　(2) $\sin\omega t\cdot\cos^2\omega t$　($\cos\omega t=x$ と置換)

(3) $2at(at^2+b)^{100}$　($at^2+b=x$ と置換)　(4) te^{at^2+b}　($at^2+b=x$ と置換)

7. 次の式 (の両辺) を x で微分せよ．

(1) $y=e^{ax+b}$　(2) $\log y=ax+b$　(3) $x^2+y^2=1$　(4) $xy=1$

8. x, y は t の関数であるとして，前問の式 (1)〜(4) を t で微分せよ．

9. $\boldsymbol{A}=(-1,\ 2,\ -5)$，$\boldsymbol{B}=(2,\ -2,\ -1)$ のとき，$\boldsymbol{A}+\boldsymbol{B}$，$\boldsymbol{A}\cdot\boldsymbol{B}$，$\boldsymbol{A}\times\boldsymbol{B}$ を計算せよ．

10. xy 平面上に一辺の長さ a の正三角形ABCがある．図のように $\boldsymbol{a}, \boldsymbol{b}, \boldsymbol{c}$ をおいたとき，以下の量を a を用いて表せ．ただし，必要なら図のように座標をとること (z 軸は紙面の裏から表の向き)．

(1) $\boldsymbol{a}\cdot\boldsymbol{b}$　(2) $\boldsymbol{a}+\boldsymbol{b}$　(3) $\boldsymbol{b}-\boldsymbol{c}$　(4) $\boldsymbol{a}\times\boldsymbol{b}$

(5) $\boldsymbol{a}\times\boldsymbol{c}$　(6) $(\boldsymbol{a}+\boldsymbol{b})\cdot\boldsymbol{c}$　(7) $(\boldsymbol{a}+\boldsymbol{b})\times\boldsymbol{c}$

(8) $(\boldsymbol{b}-\boldsymbol{c})\cdot\boldsymbol{a}$　(9) $(\boldsymbol{b}-\boldsymbol{c})\times\boldsymbol{a}$　(10) $(\boldsymbol{a}\times\boldsymbol{b})\cdot\boldsymbol{a}$

(11) $(\boldsymbol{a}\times\boldsymbol{b})\times\boldsymbol{a}$

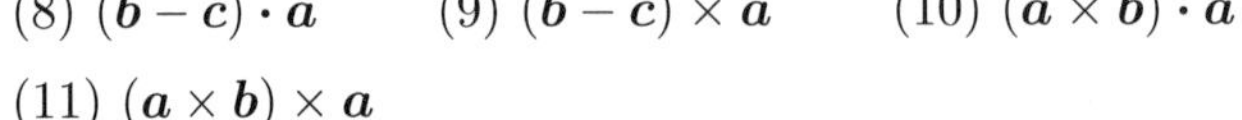

11. 物体の位置が $\boldsymbol{r}=(at^2+b,\ at^2+ct+d,\ ht+k)$ と表されるとき，速度，速さ，加速度，加速度の大きさを計算せよ．

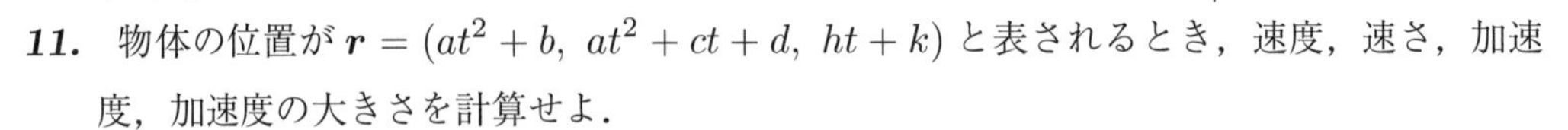

12. xy 平面上を運動する物体の位置が $\boldsymbol{r}=(r\cos\omega t,\ r\sin\omega t)$ と表されるとき，速度，速さ，加速度，加速度の大きさを計算せよ．

13. 物体の位置が次の式で表されるとき，速度と加速度を計算せよ．

(1) $x=2t^3-5t^2+3t+1,\quad y=\sqrt{t^2+1}$　(2) $x=e^{-3t}\sin 3t,\quad y=2\log(3t^2+2)$

◇◆答◆◇

1. (1) $100ax^{99}$ (2) $100a(ax+b)^{99}$ (3) $200ax(ax^2+b)^{99}$ (4) ae^{ax+b} (5) $2axe^{ax^2+b}$

2. (1) $\dfrac{a}{at+b}$ (2) $\dfrac{2at}{at^2+b}$ (3) $\dfrac{2a}{at+b}$ (4) $\log(t)+1$ (5) $\log(at+b)+\dfrac{at}{at+b}$

3. (1) $-a\omega\sin(\omega t+\alpha)$ (2) $2\omega t\cos(\omega t^2+\alpha)$ (3) $-2t\sin(t^2+a^2)$

(4) $2t\sin(at^2+b)+2at^3\cos(at^2+b)$ (5) $-2\omega\sin(\omega t+\alpha)\cos(\omega t+\alpha)$

(6) $2\omega(\omega t+\alpha)\cos[(\omega t+\alpha)^2]$

4. (1) $\dfrac{a}{101}x^{101}+bx+C$ (2) $\dfrac{1}{101a}(ax+b)^{101}+C$ (3) $\dfrac{1}{202a}(ax^2+b)^{101}+C$

(4) $\dfrac{1}{a}e^{ax+b}+C$ (5) $\dfrac{1}{2a}e^{ax^2+b}+C$

5. (1) $\dfrac{1}{a}\log|at+b|+C$ (2) $-\dfrac{1}{a(at+b)}+C$ (3) $\dfrac{a}{\omega}\sin(\omega t+\alpha)+C$

(4) $-\cos(at+b)+C$

6. (1) $\dfrac{1}{2a}\log|at^2+b|+C$ (2) $-\dfrac{1}{3\omega}\cos^3\omega t+C$ (3) $\dfrac{1}{101}(at^2+b)^{101}+C$

(4) $\dfrac{1}{2a}e^{at^2+b}+C$

7. (1) $\dfrac{dy}{dx}=ae^{ax+b}$ (2) $\dfrac{1}{y}\dfrac{dy}{dx}=a$ (3) $2x+2y\dfrac{dy}{dx}=0$ (4) $y+x\dfrac{dy}{dx}=0$

8. (1) $\dfrac{dy}{dt}=ae^{ax+b}\dfrac{dx}{dt}$ (2) $\dfrac{1}{y}\dfrac{dy}{dt}=a\dfrac{dx}{dt}$ (3) $2x\dfrac{dx}{dt}+2y\dfrac{dy}{dt}=0$

(4) $y\dfrac{dx}{dt}+x\dfrac{dy}{dt}=0$

9. $\boldsymbol{A}+\boldsymbol{B}=(1,\ 0,\ -6)$ $\boldsymbol{A}\cdot\boldsymbol{B}=-1$ $\boldsymbol{A}\times\boldsymbol{B}=(-12,\ -11,\ -2)$

10. (1) $-\dfrac{1}{2}a^2$ (2) $\left(\dfrac{1}{2}a,\ \dfrac{\sqrt{3}}{2}a,\ 0\right)$ (3) $(0,\ \sqrt{3}a,\ 0)$ (4) $\left(0,\ 0,\ \dfrac{\sqrt{3}}{2}a^2\right)$

(5) $\left(0,\ 0,\ -\dfrac{\sqrt{3}}{2}a^2\right)$ (6) $-a^2$ (7) $\mathbf{0}$ (8) 0 (9) $(0,\ 0,\ -\sqrt{3}a^2)$

(10) 0 (11) $\left(0,\ \dfrac{\sqrt{3}}{2}a^3,\ 0\right)$

11. $\boldsymbol{v}=(2at,\ 2at+c,\ h)$ $|\boldsymbol{v}|=\sqrt{(2at)^2+(2at+c)^2+h^2}$ $\boldsymbol{a}=(2a,\ 2a,\ 0)$ $|\boldsymbol{a}|=2\sqrt{2}a$

12. $\boldsymbol{v}=(-r\omega\sin\omega t,\ r\omega\cos\omega t)$ $|\boldsymbol{v}|=r\omega$ $\boldsymbol{a}=(-r\omega^2\cos\omega t,\ -r\omega^2\sin\omega t)$ $|\boldsymbol{a}|=r\omega^2$

13. (1) $v_x=6t^2-10t+3,\quad v_y=\dfrac{t}{\sqrt{t^2+1}}$ $\quad a_x=12t-10,\quad a_y=\dfrac{1}{(t^2+1)^{3/2}}$

(2) $v_x=-3e^{-3t}(\sin 3t-\cos 3t),\quad v_y=\dfrac{12t}{(3t^2+2)}$

$a_x=-18e^{-3t}\cos 3t,\quad a_y=12\dfrac{-3t^2+2}{(3t^2+2)^2}$

物理の復習

この章では高校の力学で学んだことを復習し，次章で運動方程式を解くための基礎とする．

2.1　等速度運動

速度が一定の運動を等速度運動 (uniform motion)(または等速直線運動) という．速度はベクトルなので，等速度とは x, y, z 成分 3 つともすべて定数であることを意味する．たとえば，x 軸方向に速さ v_0(正の定数) で運動する場合は

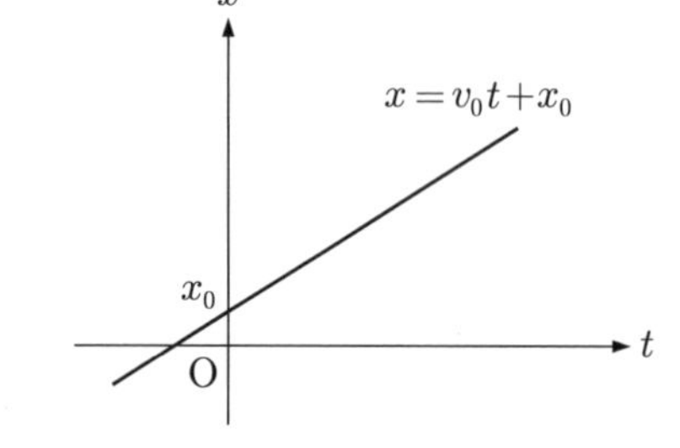

$$\boldsymbol{v} = (v_0, 0, 0)$$

となる．このとき物体の位置は

$$\boldsymbol{r} = (v_0 t + x_0,\ y_0,\ z_0)$$

のようになる*1．x_0, y_0, z_0 は定数で，たとえば物体の x 座標は時刻 $t = 0$ ときは x_0 で，時間とともに一定の割合 v_0 で変化すること (図を参照)，y 座標は y_0 のまま一定であることを示す．

2.2　等加速度運動

加速度が一定，すなわち加速度 $\boldsymbol{a}$ の 3 成分がすべて定数となる運動を等加速度運動 (uniform acceleration) という．たとえば物体の加速度が

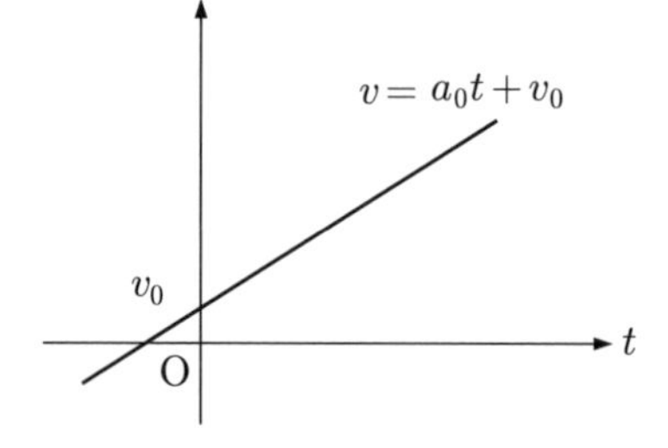

$$\boldsymbol{a} = (a_0, 0, 0)$$

のときの x 軸方向の運動を考えてみると，物体の速度の x 成分は

$$v_x = a_0 t + v_0$$

物体の x 座標は

$$x = \frac{1}{2} a_0 t^2 + v_0 t + x_0$$

*1 $\boldsymbol{r}$ を t で微分すれば $\boldsymbol{v}$ が得られることはすぐわかる．

のようになる*2．v_0, x_0 は定数で，たとえば物体の速度の x 成分は時刻 $t=0$ のときは v_0 で，時間とともに一定の割合 a_0 で変化することを表す (図を参照)．物体の x 座標は時刻 $t=0$ のときは x_0 で，時間 t の 2 次関数として変化する．

$a_0=0$ の場合には等速度運動と同じ式になるので，等速度運動とは加速度がゼロの等加速度運動であるともいえる．

2.3 等速円運動

円周上を一定の速さで移動する運動を等速円運動 (uniform circular motion) という．この場合，角度 θ が時間とともに一定の割合で変化するので，

$$\theta = \omega t + \alpha$$

と表すことができる．ω を**角速度** (angular velocity)，α を**初期位相** (initial phase) という．初期位相とは時刻 $t=0$ のときの角度のことである．以下では簡単のために $\alpha=0$ とする．

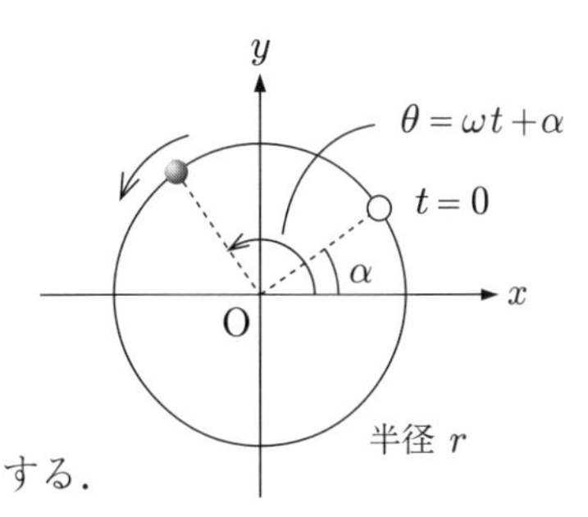

原点を中心とした半径 r の円周上を運動する物体があるとして，その位置の x, y 座標を半径 r と上記の角度 $\theta\ (=\omega t)$ で表すと，

$$x = r\cos\omega t$$

$$y = r\sin\omega t$$

となる．速度 $\boldsymbol{v}$ は

$$v_x = -r\omega\sin\omega t$$

$$v_y = r\omega\cos\omega t$$

加速度 $\boldsymbol{a}$ は

$$a_x = -r\omega^2\cos\omega t$$

$$a_y = -r\omega^2\sin\omega t$$

である．

速さを計算してみると

$$\begin{aligned}|\boldsymbol{v}| &= \sqrt{{v_x}^2+{v_y}^2}\\ &= \sqrt{r^2\omega^2(\sin^2\omega t+\cos^2\omega t)}\\ &= r\omega \qquad\qquad (\omega>0\ \text{とする})\end{aligned}$$

*2 x を t で微分すれば v_x，v_x を t で微分すれば a_x になる．

となり，確かに一定値になるが，速度 $\boldsymbol{v}$ そのものは一定ではない．

同様に，加速度の大きさも一定値

$$|\boldsymbol{a}| = \sqrt{{a_x}^2 + {a_y}^2} = r\omega^2$$

になるが，加速度 $\boldsymbol{a}$ は一定ではない．

また，式からわかるように，$\boldsymbol{r}$ と $\boldsymbol{v}$，$\boldsymbol{v}$ と $\boldsymbol{a}$ は垂直であり，$\boldsymbol{r}$ と $\boldsymbol{a}$ は平行で逆向きのベクトルである*3．

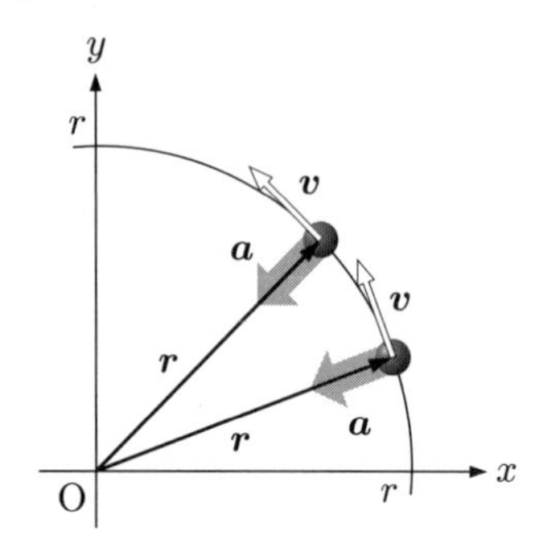

2.4　軌道

物体の位置が

$$x = \frac{1}{2}a_0t^2 + v_0t + x_0$$

のような式で表されているとき，時刻 t を指定すれば，その時刻での位置を特定することができる．各時刻ごとの物体の位置を結び，一本の線にしたものを**軌道** (trajectory) という．たとえば，xy 平面上の物体の位置が

$$x = v_0t$$

$$y = at^2 + bt + c$$

という式で表されるとする．時刻 t を 1 つ指定すると，x, y の値が 1 つ決まる．つまり，x と y は変数 t を経由して関係がついている．そこで，この式から時刻の変数 t を消去すると

$$y = a\left(\frac{x}{v_0}\right)^2 + b\left(\frac{x}{v_0}\right) + c$$

という x と y だけの関係式が得られ，各時刻 t に対応する物体の位置は，この線上のどこかにあるということになる．これが軌道である．もし

$$x = v_0t$$

$$y = c$$

なら，最初から時間 t の入っていない式 $y = c$ が軌道を表す*4．

例題 2.1　物体の位置が $\boldsymbol{r} = (at + b,\ c\sin\omega t + d)$ であるとき，軌道を表す式を求めよ．

解答　t を消去する．

$$t = \frac{x - b}{a}$$

$$\therefore \quad y = c\sin\omega\left(\frac{x - b}{a}\right) + d$$

∎

*3 垂直であることは内積を計算してみればわかる．

*4 実際にグラフ上に点をとってみれば確かめられる．

2.5 単位と次元

物理と数学で異なるのは，同じ数式を扱っていても，物理で扱う量には単位 (unit) が付いている，ということである．仮に，数式として $m = x$ が成り立つとしても，もし m の単位がキログラムで，x の単位がメートルならば，物理としては正しくない式になる．$A = B$ が物理的に正しい式であるとすると，A と B は同じ単位 (正確には後で述べる次元のことである) でなければならない．

力学で用いる基本的な単位は，m (メートル)，kg (キログラム)，s (秒) の 3 つである．その他の単位，たとえば，力の単位 N (ニュートン) は前記の 3 つの組み合わせで $\mathrm{kg{\cdot}m/s^2}$ のように書くことができる．このような単位を SI 単位系という*5．学生の諸君は，時速何キロといった表現はすべて m, kg, s を用いた単位に直してから計算するように心がけた方がよい．その方が間違いが少ない．

しかし，いろいろな都合で上記の単位を使わないこともしばしばある．たとえば，光の波長を $6.00 \times 10^{-7}\mathrm{m}$ ではなく 600 nm (ナノメートル) といったりする．**次元** (dimension) とは，このような単位の違いを無視して，m でも nm でも「長さ」という性質の量であるということを表すために用いるものである．次元は，長さに対しては L (英語の length の頭文字)，質量は M (同じく mass)，時間は T (同じく time) を用いる．たとえば前述の，力の次元は $[MLT^{-2}]$ である*6．単位がわかっていれば，次元はその単位から，kg $\to M$，m $\to L$，s $\to T$ という単純な置き換えで得られる．

次元解析

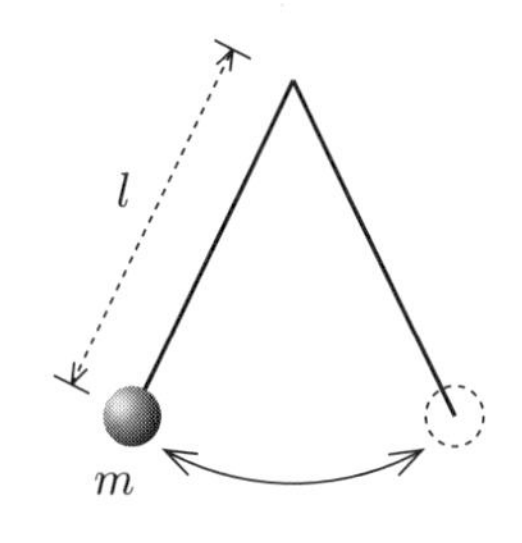

いくつかの特別な例では，計算しなくても次元を用いて結果を予想することができる．これを次元解析 (dimensional analysis) という．たとえば，振り子の周期 T を求めたいとしよう．周期 T は時間の次元 $[T]$ をもっている．一方，振り子の運動に関係する量は，おもりの質量 m，次元は $[M]$，糸の長さ l，次元は $[L]$，後は重力加速度 g，次元は $[LT^{-2}]$ である．この 3 つから次元 $[T]$ をもつ組み合わせを作ろうとすると，

$$\sqrt{\frac{l}{g}} \quad \longrightarrow \quad \left([L]\cdot[L^{-1}T^2]\right)^{1/2} = [T]$$

しかない．したがって，周期は $\sqrt{l/g}$ に無次元量 (たとえば π や数値など) をつけたもの以外にはありえないことがわかる．

---

*5 Système International d'unités, 昔は MKS 単位系といっていた．メートル (M)，キログラム (K)，セカンド (S) の略である．

*6 ML/T^2 のような分数の表現は使わない．

おまけの話

ここで，等速円運動する物体の位置を表す式

$$x = r\cos\omega t$$

$$y = r\sin\omega t$$

の角速度 ω の次元について注意しておく．角速度とは1秒間にどれだけの角度移動するかを示したものなので，単位はラジアン/秒 (rad/s) である．ラジアンは半径1の円の弧の長さであるということを単純に丸暗記してしまうと，メートルと同じ単位になる気がするが，それは間違いである．ラジアンとは，半径 r の円において，弧の長さ l を円の半径 r で割った値 $\theta = l/r$ として理解するほうがよい．長さ l (m) を長さ r (m) で割っているので，次元はなし (**無次元量** (dimensionless quantity) という) になる．つまり，ラジアンは単位のない量，$\sqrt{2}$ や π と同じただの数値である．角速度はラジアン/秒なので，次元としては1/時間，すなわち $[T^{-1}]$ になる．

上記の式の cos や sin の中身 ωt の次元は $[T^{-1}] \cdot [T] = 1$，すなわち無次元量となる．関数の中に入る式は無次元でなければならない，ということを覚えておくとよい．たとえば，x，y が長さであるとすると，

$$(誤)\quad y = \sin(x)$$

は物理としては成立しない式である．少なくとも

$$(正)\quad y = a\sin(bx)$$

のような形でなければ，正しい式にはなり得ない．ここで，a は $[L]$，b は $[L^{-1}]$ の次元をもつ定数となる．

また，学生の諸君は，次元を計算のチェックに使えるようになることが望ましい．たとえば，等速円運動において

$$x = r\cos\omega t$$

を微分して速度を求める場合，うっかり

$$(誤)\quad v_x = -r\sin\omega t$$

としてしまう学生が多い．$\sin\omega t$ は無次元なので，この式は左辺の速度 v_x と右辺の長さ r が同じもの，という式になってしまう．

$$(正)\quad v_x = -r\omega\sin\omega t$$

ならば，$[v_x] = [LT^{-1}]$，$[r\omega] = [L] \cdot [T^{-1}]$ となり，両辺の次元が一致する．長い，複雑な計算をした後には，式の両辺の次元をチェックしてみるとよい．もし両辺の次元が異なっていれば，その計算には必ず間違いがある．ただし，残念ながら，次元が一致したからといって，計算が正しい保証にはならない．

例題 2.2　v, v_0 が速さ，l_0, l_1 が長さ，ω が角速度を表す量のとき，次の式の間違いはどこか．

$$v = l_0\cos(\omega t + l_1) + v_0$$

解答　(1) 右辺の l_0 は長さなので，左辺の v や右辺の v_0 と次元が合っていない．
(2) cos の中は無次元でなければならないのに，l_1 は長さの次元をもっている．■

2.6　力とは

次章では運動方程式を解くことになる．その前に運動方程式 (equation of motion) と力 (force) について復習しておく．

高校物理では運動の3法則として

1. 慣性の法則
2. 運動方程式
3. 作用反作用の法則

を習う．慣性の法則は，「物体に力が働かないときには，物体はその運動の状態をそのまま続ける」というもの，作用反作用の法則は，「物体 A から物体 B に力が働くときには，B から A に同じ大きさで逆向きの力が働く」というものである．この後の講義で具体的に扱うのは運動方程式だけで，他の 2 つの法則は表立っては使われないので説明は省略する[*7]．

運動方程式は

$$m\frac{d^2\boldsymbol{r}}{dt^2} = \boldsymbol{F}$$

という形で書かれる．この右辺に入れるべきものが力である．左辺は位置ベクトル $\boldsymbol{r}$ の 2 階微分なので加速度を表す．すなわち，力とは物体に加速度を生じさせるもの，という理解ができる．力が働いていなければ物体は加速度運動はしないし[*8]，加速度運動している物体には必ず何らかの力が働いている．

上の式の左辺はベクトルなので，右辺の力もベクトルでなければならない．したがって，力を x, y, z 成分に分けて書けば

$$\boldsymbol{F} = (F_x, F_y, F_z)$$

となる．すると運動方程式そのものを 3 成分に分解して書くことができる．

$$m\frac{d^2x}{dt^2} = F_x$$

$$m\frac{d^2y}{dt^2} = F_y$$

$$m\frac{d^2z}{dt^2} = F_z$$

各成分とも同じ形をしているので，どれか 1 つの成分の扱いができれば，残りも同様である．

力をベクトルとして考えたときには，力の合成は単純な足し算となる．すなわち，複数の力が働いているときも単純に足せばよい．たとえば，$\boldsymbol{F}_1$, $\boldsymbol{F}_2$, $\boldsymbol{F}_3$ という力があったとき，運動方程式の右辺には

$$\boldsymbol{F} = \boldsymbol{F}_1 + \boldsymbol{F}_2 + \boldsymbol{F}_3$$

を入れればよい．

力の和 $\boldsymbol{F}$ (合力) がゼロになっている状態を，力のつりあった状態という．力のつりあいの条件を用いて未知の力を求めよ，というのはよくある問題である．数学的には，ベクトルの各成分に分解して得た式を連立方程式として解くということなので，特に理解すべきことがある

[*7] 本当は慣性の法則には深い意味があり，いまでは相対性原理と呼ばれている．現代の物理学はこの原理を満たすように作られている．また，作用反作用の法則について考えてみると，もし反作用を受けずに物体に力を及ぼすことができると，運動量保存則を破ることになる．運動量保存則は運動方程式から導くことができるのだが，現代の考え方は逆に，運動方程式は運動量保存則を満たすように作るものとなっている．

[*8] 加速度運動していないときには，力がまったく働いていない場合と，2 つ以上の力が働いているが互いに打ち消しあって全体でゼロになっている場合がある．

わけではない．章末問題があるので，それを解くことで練習してほしい．

いろいろな力

そこで，知っておくとよいいくつかの力を簡単にまとめておく．

(1)　ばねの力

ばねを伸ばしたり縮めたりしたときに，その伸縮量に比例した大きさの力が発生する．高校物理では一方向だけの式 $F = -kx$ しか示されないが，ベクトルにすることができ，

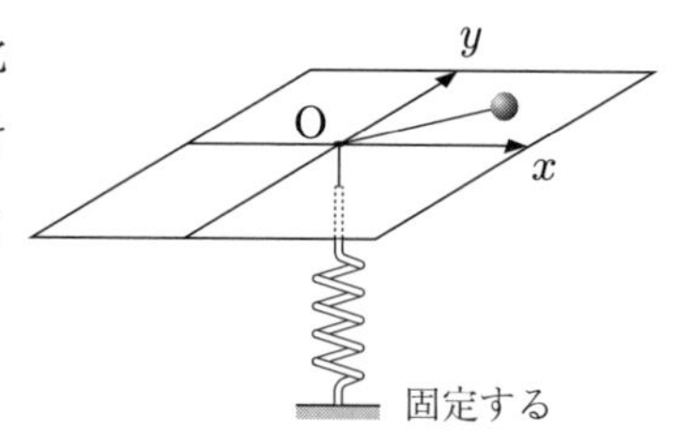

$$\boldsymbol{F} = -k\boldsymbol{r}$$

と書かれる．ばねの長さが気になる者は図のような仕組みをイメージすればよい．比例係数 k を**ばね定数** (spring constant) という．この式にあるマイナス符号は，ばねを変化させた量を表すベクトル $\boldsymbol{r}$ と逆向きの力が生じることを示す．x, y, z 成分に分解すると，

$$F_x = -kx, \quad F_y = -ky, \quad F_z = -kz$$

である．

(2)　抵抗の力

物体が空気中を速度 $\boldsymbol{v}$ で運動すると，その速度に比例し，速度と逆向きの抵抗力が発生するとしたものである．この抵抗 (resistance) の力もベクトルで書くことができ，

$$\boldsymbol{F} = -\gamma\boldsymbol{v}$$

と書かれる*9．比例係数 γ を抵抗係数という．x, y, z 成分に分解すると，

$$F_x = -\gamma v_x, \quad F_y = -\gamma v_y, \quad F_z = -\gamma v_z$$

である．ただし，この力は1つの例で，考える条件によって，速度の2乗に比例する抵抗としなければならない場合などいろいろある．

(3)　浮力 (と重力)

物体を液体の中に入れたときに，重力 (gravity) と逆向きの浮力 (buoyancy) が発生する．液体中に入っている物体の体積を V，液体の密度を ρ，重力加速度*10を g とすると，浮力の大きさは

$$|\boldsymbol{F}| = \rho V g$$

となる．上の式は大きさだけの関係式であるが，座標を設定すれば重力も浮力もベクトルの形に表すこともできる*11．たとえば，上向きに y 座標をとると

*9 比例係数 γ (ガンマ) はばねの比例係数と区別するためにわざと記号を変えてある．
*10 重力によって生じる加速度の大きさで，地表では約 $9.8\,\mathrm{m/s^2}$ である．
*11 なぜ重力とセットにするかというと，浮力は重力の効果だからである．

$$\text{重力}:\boldsymbol{F}=(0,\ -mg,\ 0)$$

$$\text{浮力}:\boldsymbol{F}=(0,\ \rho Vg,\ 0)$$

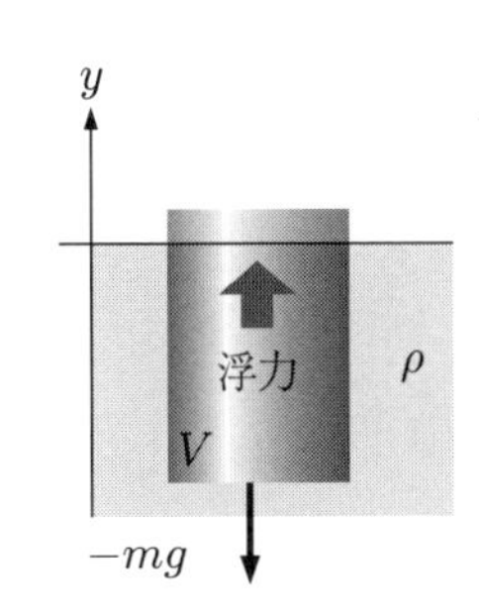

であり，下向きに y 座標をとると

$$\text{重力}:\boldsymbol{F}=(0,\ mg,\ 0)$$

$$\text{浮力}:\boldsymbol{F}=(0,\ -\rho Vg,\ 0)$$

となる．

(4)　万有引力

質量のある物体の間に働く力が万有引力 (universal gravitation) である．2 つの物体の質量を m_1, m_2，物体間の距離を r とすると，万有引力の大きさは

$$|\boldsymbol{F}|=G\frac{m_1m_2}{r^2}$$

と表される．G は万有引力定数である[*12]．ベクトルの形に書くこともできるが，この講義では扱わないので説明は省略する[*13]．

(5)　摩擦力

2 つの物体が接触していると，両者の間には摩擦力 (friction) が働く．摩擦力には，物体が相対的に運動しているときの動摩擦力と，そうでない場合の静止摩擦力がある．静止摩擦力の働く向きは，物体の接触する面と平行な方向である．物体間に加わる力 (図では斜面上の物体が斜面に及ぼす力) を，接触面と垂直な力 $\boldsymbol{f}_1$ と平行な力 $\boldsymbol{f}_2$ に分けたとすると，静止摩擦力 $\boldsymbol{F}$ は $\boldsymbol{f}_2$ と逆向きになる ($\boldsymbol{f}_1$ と逆向きの力が垂直抗力 $\boldsymbol{N}$ である)．静止摩擦力の向きは，そのもととなる力 $\boldsymbol{f}_2$ がわかっていないと決められないので，少しひねった問題では間違うことが多い．静止摩擦力の大きさは $|\boldsymbol{f}_2|$ に等しいが，ある値より大きくはなれない．この最大値を最大静止摩擦力といい，静止摩擦力の大きさは

$$|\boldsymbol{F}|\leq\mu|\boldsymbol{N}|$$

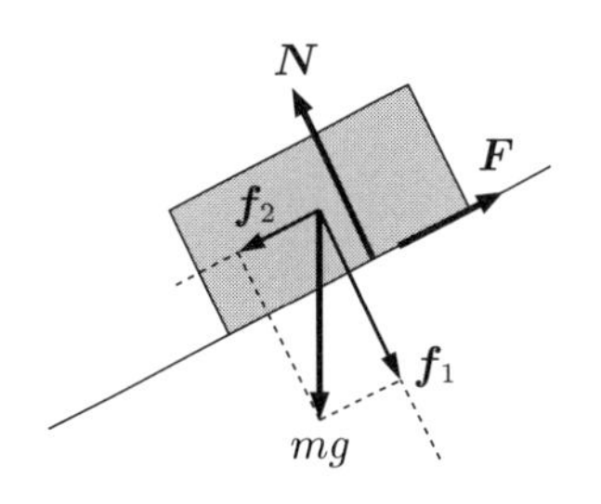

というように制限される．μ は静止摩擦係数である．動摩擦力の大きさは $|\boldsymbol{f}_2|$ によらず一定であり，

$$|\boldsymbol{F}|=\mu'|\boldsymbol{N}|$$

となる．μ' は動摩擦係数である．動摩擦力の働く向きは，運動の方向と逆向きである．

---

*12 G は $6.67\times10^{-11}\,\mathrm{N\,m^2/kg^2}$ である．

*13 電荷のある物体間に働くクーロン力も同じ形をしている．

例題 2.3　図のように，質量 m の球が角度 θ の斜面上に糸で吊り下げられている．斜面には摩擦がなく，糸が鉛直線となす角度も θ である．糸を引く力 (張力に等しい) の大きさ F を求めよ．

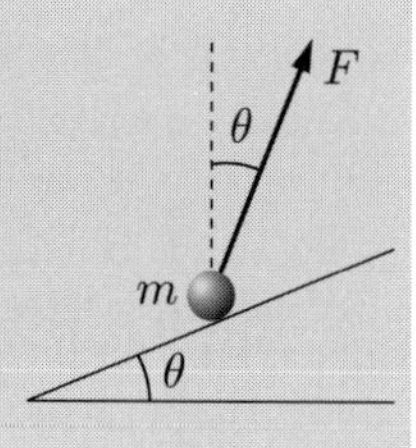

解答　**x, y 成分で解くやり方**

斜面からの (垂直) 抗力の大きさを N とおいて，糸の力，重力，垂直抗力をそれぞれ x, y 成分に分解すると，

$$\begin{aligned}\text{糸の力}:&\ (\ \ F\sin\theta\,,\quad F\cos\theta)\\ \text{重力}:&\ (\qquad 0\,,\qquad -mg)\\ \text{抗力}:&\ (-N\sin\theta\,,\quad N\cos\theta)\end{aligned}$$

となる．したがって

$$F\sin\theta - N\sin\theta = 0$$

$$F\cos\theta - mg + N\cos\theta = 0$$

これを解くと

$$F = \frac{mg}{2\cos\theta}$$

斜面を基準にするやり方

糸の力，重力，垂直抗力をそれぞれ斜面と平行 (右上を正)，垂直 (左上を正) 成分に分解すると，

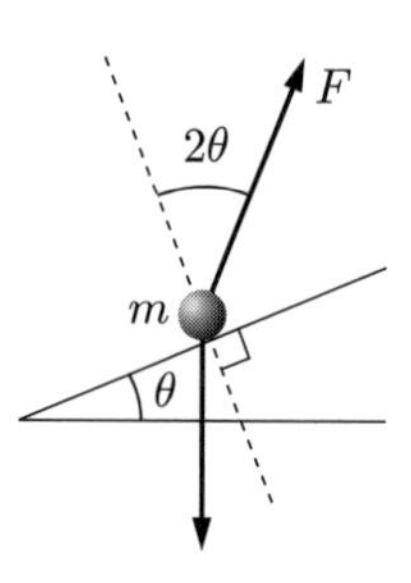

	平行	垂直
糸の力	: $F\sin 2\theta$	$F\cos 2\theta$
重力	: $-mg\sin\theta$	$-mg\cos\theta$
抗力	: 0	N

となる．したがって

$$\begin{aligned}F &= \frac{mg\sin\theta}{\sin 2\theta}\\ &= \frac{mg}{2\cos\theta}\end{aligned}$$

▮

例題 2.4 図のように，質量 m の球がばね定数が k のばねの上に付けられている．つりあいの位置を原点とし，上向きに x 軸をとる．球は x 軸上のみを運動するものとする．

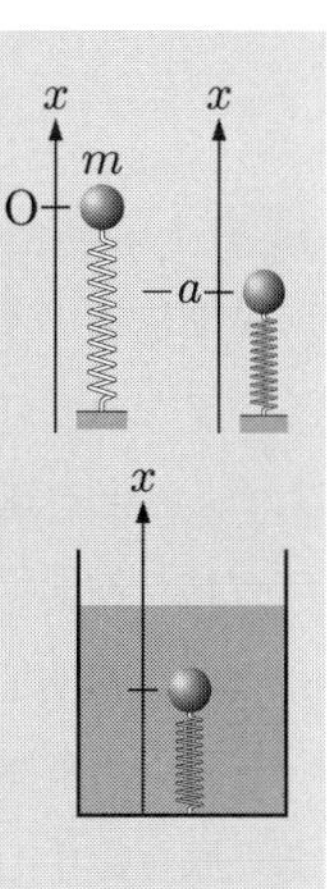

(1) 原点から $x = -a$ の位置まで，手でばねを押し込んだとき，手がばねから受ける力を求めよ．

(2) 手を離した後の，球の運動方程式を書け．

(3) 図のばねと球全体を水中に入れる．球は比例係数 γ の速度に比例する抵抗を水から受けるとすると，(2) の運動方程式はどう変わるか．ただし，浮力は無視できるものとする．

解答

(1) ばねが手に及ぼす力は $F_x = -k(-a) = ka$ である．

(2) 球が座標 x の位置にあるとき，ばねの力は $F_x = -kx$ であるので，運動方程式は

$$m\frac{d^2x}{dt^2} = -kx$$

(3) 球には，ばねの力 $F_x{}^{(1)} = -kx$ と，水の抵抗 $F_x{}^{(2)} = -\gamma v_x$ が働くので，運動方程式は

$$m\frac{d^2x}{dt^2} = -kx - \gamma v_x$$

◆◆練習問題 2 ◆◆

単位はすべてSI単位系を用いること．特に指定がない場合は，物体や質点の質量は m とする．また必要に応じて，重力加速度の大きさ g を用いてよい．

1. x 軸上を運動する物体を考える．

(1) 初期位置が $x=3$，初速度が -2 の等速度運動をするとき，時刻 t での x 座標を書け．

(2) 初期位置が $x=3$，初速度が -2，加速度が 2 の等加速度運動をするとき，時刻 t での x 座標と，速度の x 成分を書け．

2. 原点を中心とする半径 10 cm の円周上を，質点が 1 分間に 600 回の割合で反時計回りに回転している．

(1) 角速度を計算せよ．

(2) 速さを計算せよ．

(3) 加速度の大きさを計算せよ．

(4) 質点の x, y 座標を時刻 t の関数として表せ．ただし，$t=0$ で正の x 軸上にあったとする．

(5) $t=0$ で正の y 軸上にあったとすると，問 (4) の答はどうなるか．

(6) 時計回りに回転していたとすると，問 (4) の答はどうなるか．

3. 次の式で表される運動の軌道を求めよ．

(1) $x = at + b,\quad y = -\dfrac{1}{2}gt^2 + at + b$

(2) $x = a\sin\omega t,\quad y = bt + c$

(3) $x = a\cos(\omega t + \alpha),\quad y = b\sin(\omega t + \alpha)$

4. 図のように，xy 平面内において，角速度 ω，半径 r で等速円運動をする質点がある．

(1) 初期位置を適当に設定し，質点の位置 $\boldsymbol{r}$ を表す式を書け．

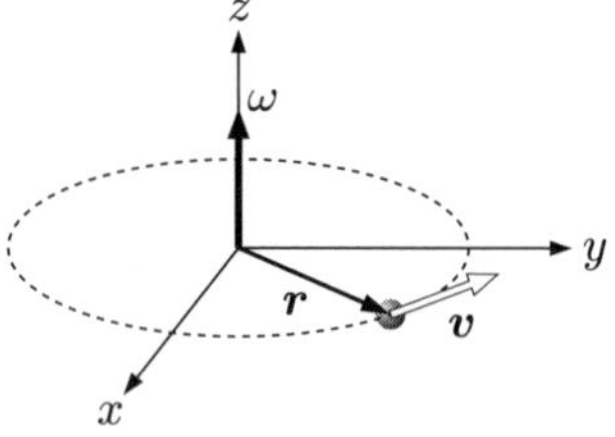

(2) 「角速度ベクトル」$\boldsymbol{\omega}$ を，大きさは ω，向きは z 軸の正の向きと定義する．速度ベクトル $\boldsymbol{v}$ は $\boldsymbol{v} = \boldsymbol{\omega} \times \boldsymbol{r}$ と表されることを示せ．

(3) 加速度ベクトルを $\boldsymbol{\omega}$ と $\boldsymbol{r}$ と外積のみを用いた式で表せ．
(ベクトルの公式 $\boldsymbol{A} \times (\boldsymbol{B} \times \boldsymbol{C}) = (\boldsymbol{A} \cdot \boldsymbol{C})\boldsymbol{B} - (\boldsymbol{A} \cdot \boldsymbol{B})\boldsymbol{C}$ を用いるとよいかもしれない)

5. x は位置，v は速さ，t は時刻とする．

(1) $x = a\sin(bt + c)$ が正しい式のとき，定数 a, b, c の単位と次元を書け．

(2) $v = a\sin(bt + c)$ が正しい式のとき，定数 a, b, c の単位と次元を書け．

(3)　$v = at + bxe^{ct}$ が正しい式のとき，定数 a, b, c の単位と次元を書け．

6. 鉛直下向きに x 軸をとる．真上に投げた物体の運動方程式を書け．ただし，物体には抵抗係数 α の空気抵抗が働くものとする．

7. 右向きに x 軸をとる．摩擦のない水平面上に置いたばね定数 k のばねにつけた物体の運動方程式を書け．ただし，つりあった状態での物体の位置を原点とし，x 軸上で運動するものとする．

8. 物体に抵抗係数 β の空気抵抗が働くとしたとき，問 7 の運動方程式はどうなるか．

9. 鉛直下向きに x 軸をとる．天井から吊り下げたばね定数 k のばねに物体をつける．

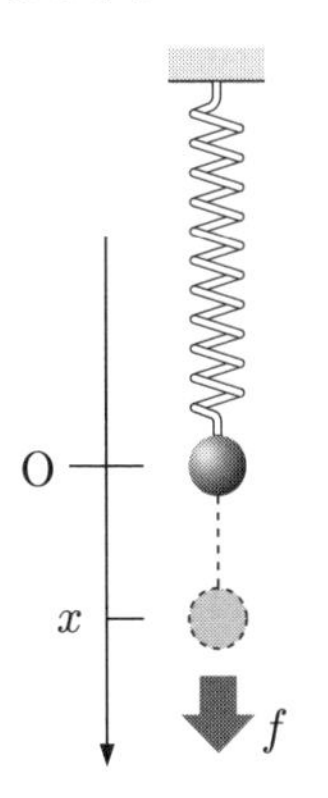

(1)　ばねの伸びを m, k, g のうち必要なものを用いて表せ．

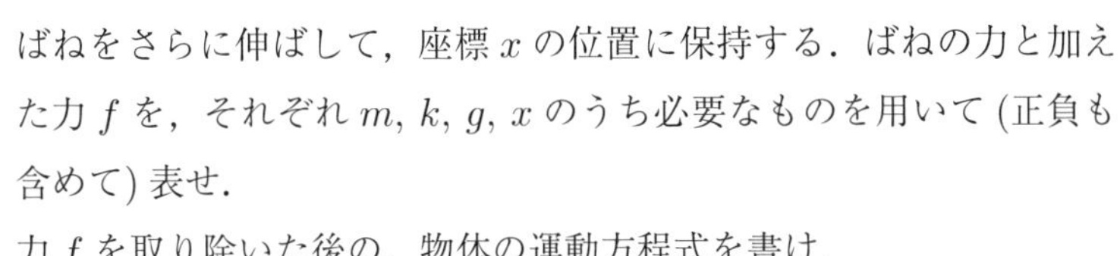

(2)　つりあった状態での物体の位置を原点とする．物体に力 f を加え，ばねをさらに伸ばして，座標 x の位置に保持する．ばねの力と加えた力 f を，それぞれ m, k, g, x のうち必要なものを用いて (正負も含めて) 表せ．

(3)　力 f を取り除いた後の，物体の運動方程式を書け．

(4)　物体に抵抗係数 γ の空気抵抗が働くとき，問 (3) の答はどうなるか．

10. 鉛直上向きに x 軸をとったとき，前問 9 の (2), (3) はどうなるか．

11. 鉛直下向きに x 軸をとる．断面積 S，質量 m の棒が，垂直を保ったまま，密度 ρ の液体に浮いている．

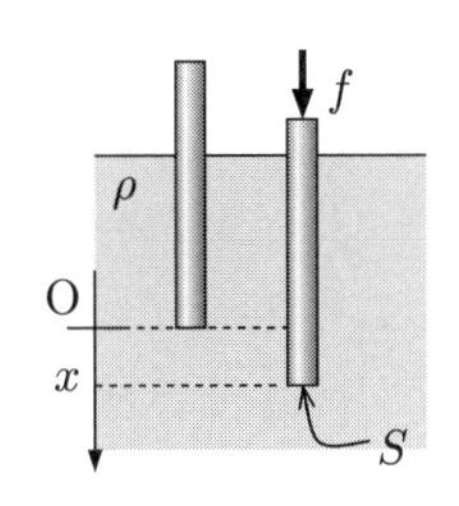

(1)　液体に沈んでいる部分の長さを m, S, g, ρ のうち必要なものを用いて表せ．

(2)　つりあった状態での棒の先端の位置を原点とする．物体に力 f を加え，さらに沈めて，座標 x の位置に保持する．浮力と加えた力 f を，それぞれ m, S, g, ρ, x のうち必要なものを用いて (正負も含めて) 表せ．

(3)　力 f を取り除いた後の，物体の運動方程式を書け．ただし，液体の抵抗はないものとする．

12. 鉛直上向きに x 軸をとったとき，前問 11 の (2), (3) はどうなるか．

13. 右向きに x 軸をとる．動摩擦係数 μ' の水平面上を物体が右向きに運動している．

(1)　垂直抗力の大きさを書け．

(2)　動摩擦力を正負も含めて書け．

(3)　物体の運動方程式を書け．ただし，空気抵抗は無視する．

14. 壁にひもをつけ，図のように重さ W の荷物を吊るす．ここで，重さとは荷物に働く重力の大きさで，荷物の質量を m とすると，$W = mg$ である．右向きに x 軸，上向きに y 軸をとり，壁がひもを引く力の大きさを T_1，右にひもを引く力の大きさを T_2 とする．力のつりあいの式を x, y 成分それぞれについて書け．さらに，それを解いて T_1, T_2 を求めよ．

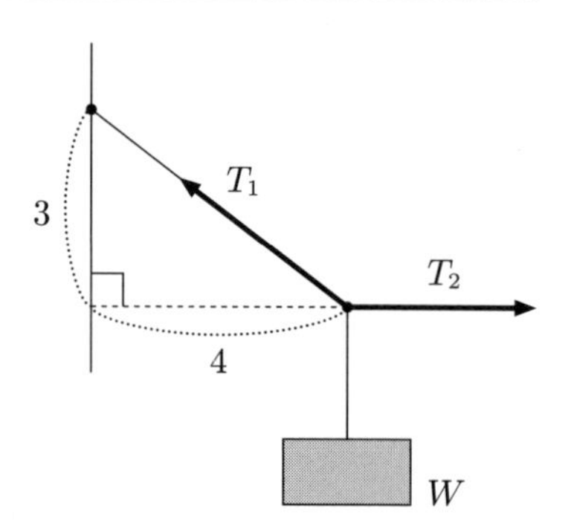

15. 天井にひもをつけ，図のように重さ W の荷物を吊るす．天井がひもを引く力の大きさを T_1，右にひもを引く力の大きさを T_2 とする．角度 α $(0 < \alpha < \pi/2)$ を固定したとき，T_2 を最小にする角 θ は $\alpha + \theta = \pi/2$ を満たすことを示せ．

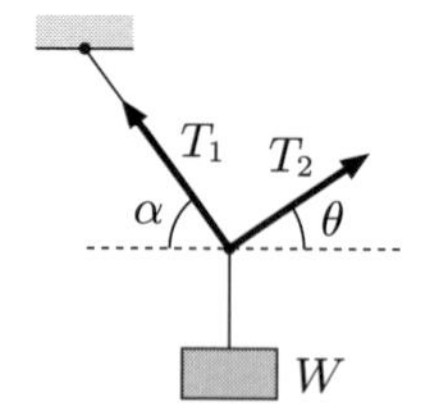

16. T_0 より大きい力を加えると切れるひもで，質量 M の物体を引く．

(1) 床と物体の間に摩擦係数 μ の静止摩擦力が働くとする．図 (a) のようにひもを引くとき，物体を動き出させることができる質量 M の上限値を求めよ．

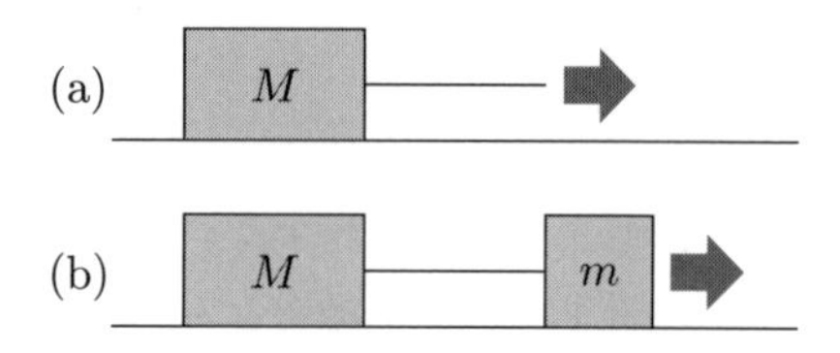

(2) 以下では床には摩擦はないものとする．図 (a) のようにひもを引くとき，物体の加速度の大きさの最大値を求めよ．

(3) 図 (b) のようにひもに別の質量 m の物体をつなぎ，この物体に直接力を加えて右に動かす．ひもが切れないための，力の大きさの最大値を求めよ．

17. 質量 M の気球が，密度 ρ の空気中にある．

(1) 気球が空気中で静止しているとする．気球の体積を求めよ．

(2) 気球が一定の速さ v_0 で下降していて，気球には抵抗係数 γ の空気抵抗が働いているとする．気球の体積を求めよ．

(3) 前問 (2) の状態から，質量 m のおもりを捨てて質量を小さくした．x 軸を上向きにとり，気球の運動方程式を書け．

18. 問 11 の棒にばね定数 k のばねをつけた．つりあいの位置を原点とし，下向きに x 軸をとる．棒にはばねの力，浮力，重力と，抵抗係数 γ の液体の抵抗による力が働くものとする．問 11 にならって，棒の運動方程式を書け．

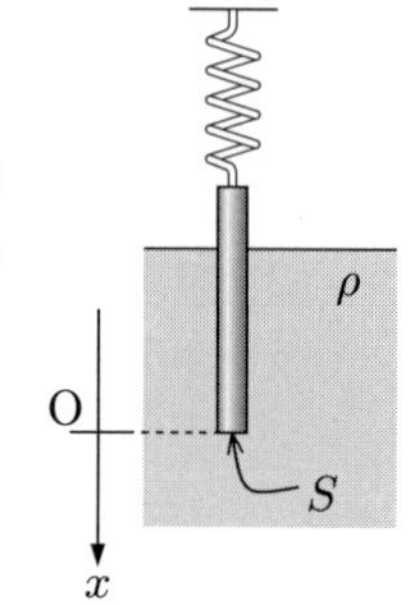

◇◆答◆◇

1. (1) $x = -2t + 3$　(2) $x = t^2 - 2t + 3,\ v_x = 2t - 2$

2. (1) $20\pi\,\mathrm{rad/s}$　(2) $2\pi\,\mathrm{m/s}$　(3) $40\pi^2\,\mathrm{m/s^2}$　(4) $x = 0.1\cos(20\pi t),\ y = 0.1\sin(20\pi t)$

(5) $x = -0.1\sin(20\pi t),\ y = 0.1\cos(20\pi t)$　(6) $x = 0.1\cos(20\pi t),\ y = -0.1\sin(20\pi t)$

3. (1) $y = -\dfrac{1}{2}g\left(\dfrac{x-b}{a}\right)^2 + a\left(\dfrac{x-b}{a}\right) + b$　(2) $x = a\sin\left[\dfrac{\omega}{b}(y-c)\right]$

(3) $\left(\dfrac{x}{a}\right)^2 + \left(\dfrac{y}{b}\right)^2 = 1$

4. (1) $\boldsymbol{r} = (r\cos\omega t,\ r\sin\omega t,\ 0)$　(2) 略　(3) $\boldsymbol{\omega} \times (\boldsymbol{\omega} \times \boldsymbol{r})$

5. (1) a: m, L,　b: rad/s, T^{-1},　c: rad, 無次元

(2) a: m/s, LT^{-1},　b: rad/s, T^{-1},　c: rad, 無次元

(3) a: m/s^2, LT^{-2},　b: 1/s, T^{-1},　c: 1/s, T^{-1}

6. $m\dfrac{d^2x}{dt^2} = mg - \alpha v_x$

7. $m\dfrac{d^2x}{dt^2} = -kx$

8. $m\dfrac{d^2x}{dt^2} = -kx - \beta v_x$

9. (1) $\dfrac{mg}{k}$　(2) $-mg - kx,\quad f = kx$　(3) $m\dfrac{d^2x}{dt^2} = -kx$

(4) $m\dfrac{d^2x}{dt^2} = -kx - \gamma v_x$

10. (2) $mg - kx,\quad f = kx$　(3) $m\dfrac{d^2x}{dt^2} = -kx$

11. (1) $\dfrac{m}{\rho S}$　(2) $-mg - \rho Sxg,\quad f = \rho Sxg$　(3) $m\dfrac{d^2x}{dt^2} = -\rho Sxg$

12. (2) $mg - \rho Sxg,\quad f = \rho Sxg$　(3) $m\dfrac{d^2x}{dt^2} = -\rho Sxg$

13. (1) mg　(2) $-\mu' mg$　(3) $m\dfrac{d^2x}{dt^2} = -\mu' mg$

14. x 成分：$-\dfrac{4}{5}T_1 + T_2 = 0$　y 成分：$\dfrac{3}{5}T_1 - W = 0$　$T_1 = \dfrac{5}{3}W$　$T_2 = \dfrac{4}{3}W$

15. $T_2 = \dfrac{W\cos\alpha}{\sin(\theta+\alpha)}$

16. (1) $M = \dfrac{T_0}{\mu g}$　(2) $\dfrac{T_0}{M}$　(3) $\dfrac{M+m}{M}T_0$

17. (1) $\dfrac{M}{\rho}$　(2) $\dfrac{Mg - \gamma v_0}{\rho g}$　(3) $(M-m)\dfrac{d^2x}{dt^2} = mg - \gamma v_0 - \gamma\dfrac{dx}{dt}$

18. $m\dfrac{d^2x}{dt^2} = -kx - \rho Sgx - \gamma\dfrac{dx}{dt}$

3

質点の力学　— 落体 —

この章では，運動方程式の解き方を解説する．

3.1　等速度運動

まず，最も簡単な場合に運動方程式を解き，基本となる形を把握する．前章で述べたように，本来の運動方程式は

$$m\frac{d^2\boldsymbol{r}}{dt^2} = \boldsymbol{F}$$

というベクトルの形で書かれるが，以下ではその x 成分

$$m\frac{d^2x}{dt^2} = F$$

を例として扱う[*1]．y, z 成分の運動方程式も同じ解き方ができる．

等速度運動は $F = 0$ の場合なので，式としては最も簡単になる．右辺がゼロなので，運動方程式は

$$\frac{d^2x}{dt^2} = 0$$

と簡単化できる．

解き方

(1)　$v_x = \dfrac{dx}{dt}$ を用いて[*2]，2 階微分の運動方程式を 1 階微分に書き直す．

$$\frac{dv_x}{dt} = 0$$

(2)　変数分離：2 つの変数 v_x, t を式の左右に分ける．
微分は分数ではないが，このあとで積分を行うという前提の下に，あたかも分数のように扱うことができると思ってよい[*3]．

$$dv_x = 0 \cdot dt$$

[*1] 右辺は F_x であるが，簡単のために F と書く．

[*2] したがって，$\dfrac{dv_x}{dt} = \dfrac{d^2x}{dt^2}$ である．

[*3] 微分の dx/dt は，もとは微小量 Δx, Δt の割り算なので，その性質を受け継いでいるのである．

そして両辺に積分記号をつける(右辺は0だが，後で参照するためにそのまま残しておく).

$$\int dv_x = \int 0 \cdot dt$$

(3)　不定積分を行う(これに関する注意はコラム参照).

$$v_x = 0 \cdot t + C_1 \qquad (C_1\text{は積分定数})$$

(4)　$v_x = \dfrac{dx}{dt}$ を用いて，変数を x に戻す.

$$\frac{dx}{dt} = 0 \cdot t + C_1$$

(5)　変数分離：2つの変数 x, t を式の左右に分け，積分形にする.

$$\int dx = \int (0 \cdot t + C_1)\, dt$$

(6)　不定積分を行う.

$$x = \frac{1}{2} \cdot 0 \cdot t^2 + C_1 t + C_2 \qquad (C_2\text{は積分定数})$$

$$= C_1 t + C_2$$

以上が，運動方程式を解くやり方の基本形である．このようにして得られた解を**一般解** (general solution) という．一般解には積分定数 (constant of integration) が2個含まれる.

上で得られた式

$$v_x = C_1$$

$$x = C_1 t + C_2$$

は，2.1節「等速度運動」の物体の速度と位置を表す式

$$v_x = v_0$$

$$x = v_0 t + x_0$$

と同じである．このように，高校物理では公式として与えられた式が，本来は運動方程式から導かれる解である，ということを理解することがこの講義の主題である.

おまけの話

不定積分についての注意

不定積分は本来左辺と右辺を別々に行うものである．すると

$$\text{左辺} = \int dv_x \quad = v_x + C$$

$$\text{右辺} = \int 0 \cdot dt = 0 \cdot t + C'$$

となり，両辺に積分定数が現れるが,

$$v_x = 0 \cdot t + (C' - C)$$

と整理することができる．積分定数は最終的に適当な数値を入れることになるが，C', C の値を別々に決めるのと，$C' - C$ の値を1つ決めるのは同じ結果になる．したがって，$C' - C$ をまとめて，C という1つの定数に置き換えることができる．運動方程式を解くときはいつもこのように考えて，式の右辺に1つ積分定数を入れておくだけでよい.

積分定数と初期条件

得られた結果を見ると，積分定数 C_1 は等速度運動の速度 v_0，C_2 は時刻 $t=0$ での物体の位置 x_0 に対応している．たとえば，速度が異なる運動は C_1 の値が異なる式で表されることになる．このように，物体の運動を特定する情報 (いつどこにいたか，どういう速度だったか) を指定すると，積分定数の値が決まる．積分定数を決定し，どういう運動であるかを指定するための条件を**初期条件** (initial condition) という．

初期条件は，通常，時刻 $t=0$ のときの物体の位置 x と速度 v_x として与えられる*4．たとえば，等速度運動をしている物体が，時刻 $t=0$ のとき原点にあり，速度が 5 m/s だとする．運動方程式の一般解

$$v_x = C_1$$

$$x = C_1 t + C_2$$

に，初期条件 $t=0,\ x=0,\ v_x=5$ を代入すると

$$5 = C_1$$

$$0 = C_1 \cdot 0 + C_2$$

したがって，$C_1=5,\ C_2=0$ と決まり，この物体の位置を表す式は

$$x = 5t$$

となる．異なった初期条件，たとえば，$t=0$ のとき $x=3,\ v_x=-2$ ならば，物体の位置は

$$x = -2t + 3$$

と表される．

一般解には可能な運動のすべてが含まれているが，初期条件を用いることで，その中の特定の1つが選びだされる，という仕組みになっている．

3.2　等加速度運動

等速度運動の次に簡単な例が力 F が一定値の場合で，物体の運動は等加速度運動となる．一定である力の値を f，すなわち $F=f$ (f は定数) とすると，運動方程式は

$$m\frac{d^2x}{dt^2} = f$$

となる．前節にならって同じ変形をすると，

*4 「静かに放す」というのは $v=0$ という意味である．

(1)　変数分離[*5]

$$\int m\,dv_x = \int f\,dt$$

(2)　不定積分

$$mv_x = ft + C_1 \qquad (C_1\text{は積分定数})$$

(3)　変数分離

$$\int m\,dx = \int (ft + C_1)\,dt$$

(4)　不定積分

$$mx = \frac{1}{2}ft^2 + C_1t + C_2 \qquad (C_2\text{は積分定数})$$

　したがって

$$x = \frac{1}{2}\left(\frac{f}{m}\right)t^2 + \left(\frac{C_1}{m}\right)t + \left(\frac{C_2}{m}\right)$$

という一般解が得られる．また，速度は

$$v_x = \left(\frac{f}{m}\right)t + \left(\frac{C_1}{m}\right)$$

である．この 2 つの式は 2.2 節の「等加速度運動」の物体の位置と速度を表す式

$$x = \frac{1}{2}a_0t^2 + v_0t + x_0$$

$$v_x = a_0t + v_0$$

と同じである．

積分定数の置き換え

　得られた解の積分定数は C_1/m, C_2/m という形になっている．積分定数の値を初期条件で決定するとき，C_1 を決めてから m で割る代わりに，$C_1/m = {C_1}'$ というように定数を置き換え，${C_1}'$ の値を直接決める，と考えても同じ結果になる．すなわち，解は

$$x = \frac{1}{2}\left(\frac{f}{m}\right)t^2 + {C_1}'t + {C_2}'$$

$$v_x = \left(\frac{f}{m}\right)t + {C_1}'$$

と書くことができる[*6]．ただし，どういう場合に置き換えることができて，どういう場合は置き換えられないか，を確実に判断できないときは，無理に置き換えない方がよい．式は多少複雑になるが，間違うよりはずっとマシである．

*5 定数 m, f は左右どちらにおいてもよい．結果は同じになる．
*6 f, m は最初から決まっている定数なので，他のものに置き換えるということはできない．

例題 3.1　x 軸上を一定の加速度 α で運動する物体がある．時刻 $t=0$ で原点にあり，そのときの速度が $v_x=-v_0$ だとする．時刻 t での物体の速度 v_x と位置 x を求めよ．

解答　加速度が α であることから

$$\frac{d^2x}{dt^2}=\alpha \quad \text{または} \quad \frac{dv_x}{dt}=\alpha$$

と書ける．これを解くと

$$\int dv_x=\int \alpha\,dt$$

$$v_x=\alpha t+C_1$$

初期条件は $t=0$ で $v_x=-v_0$ なので

$$-v_0=\alpha\cdot 0+C_1 \quad \rightarrow \quad C_1=-v_0$$

$$\therefore \quad v_x=\alpha t-v_0$$

続いて

$$\frac{dx}{dt}=\alpha t-v_0$$

$$\int dx=\int(\alpha t-v_0)\,dt$$

$$x=\frac{1}{2}\alpha t^2-v_0t+C_2$$

初期条件は $t=0$ で原点 $x=0$ なので

$$0=\frac{1}{2}\alpha\cdot 0^2-v_0\cdot 0+C_2 \quad \rightarrow \quad C_2=0$$

$$\therefore \quad x=\frac{1}{2}\alpha t^2-v_0t$$

■

3.3　落体の運動

等速度運動と等加速度運動の組み合わせが，いわゆる放物線を描く落体の運動である．3.1 節，3.2 節の結果の応用問題として考えてみよう．

ベクトルの形式での運動方程式は

$$m\frac{d^2\boldsymbol{r}}{dt^2}=\boldsymbol{F}$$

である．空中に投げられた物体に働く力は重力のみであるが，座標を設定しないと $\boldsymbol{F}$ を成分で表すことができない．図のように，右向きに x 軸，上向きに y 軸をとると，

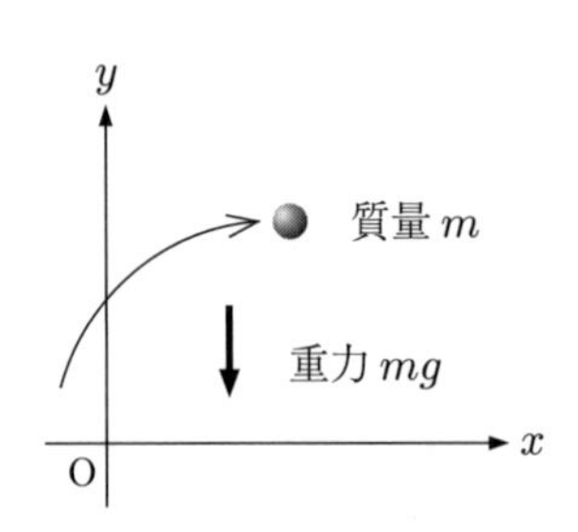

$$\boldsymbol{F}=(0,\ -mg)$$

となる (z 成分は省略する)．運動方程式の x, y 成分は

$$m\frac{d^2x}{dt^2} = 0$$

$$m\frac{d^2y}{dt^2} = -mg$$

となり，x 方向については等速度運動，y 方向については (mg は定数なので) 等加速度運動になることがわかる．したがって，それぞれの解は

$$x = C_1 t + C_2$$

$$v_x = C_1$$

$$y = -\frac{1}{2}gt^2 + C_1{}'t + C_2{}'$$

$$v_y = -gt + C_1{}'$$

である (3.2 節の解で $f = -mg$ とおけばよい)．

初期条件の例として，高さ h のビルの上から x 軸の正の向きに速さ v_0 でボールを投げる場合を考えてみよう．すなわち，時刻 $t = 0$ で，$(x, y) = (0, h)$, $(v_x, v_y) = (v_0, 0)$ とする．

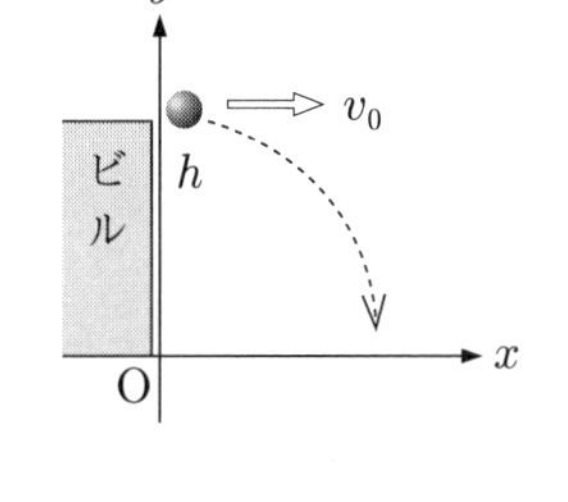

$$0 = C_1 \cdot 0 + C_2$$

$$v_0 = C_1$$

$$h = -\frac{1}{2}g \cdot 0^2 + C_1{}' \cdot 0 + C_2{}'$$

$$0 = -g \cdot 0 + C_1{}'$$

から，$C_1 = v_0$, $C_2 = 0$, $C_1{}' = 0$, $C_2{}' = h$ となる．したがって，このボールの運動は

$$x = v_0 t$$

$$y = -\frac{1}{2}gt^2 + h$$

と表される．軌道は

$$y = -\frac{1}{2}g\left(\frac{x}{v_0}\right)^2 + h$$

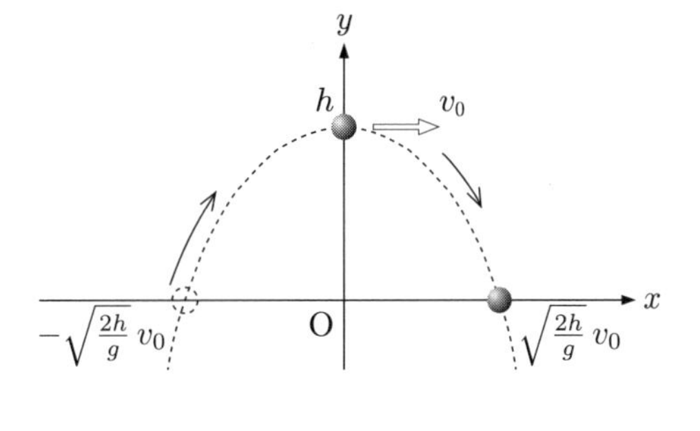

となり，放物線を描く．ボールの落下地点は $x = \sqrt{2h/g}\,v_0$ である．図のように，速度や初期位置が異なっていても，同じ軌道になることはある．

3.4　抵抗のある運動

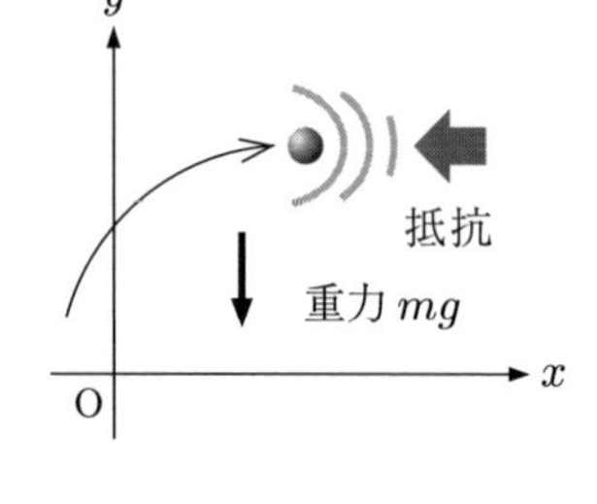

空中に投げられたボールの運動は，空気による抵抗があるため，本当は前節のような放物線にはならない．そこで，空気抵抗がある場合にどのような運動が生じるのかを，運動方程式を解くことで明らかにする．ただし，ここで扱うのは2.6節で述べた，速度に比例する抵抗がある場合とする*7.

速度に比例する抵抗による力を $\boldsymbol{F}_1$ として，力の x, y 成分を書けば，

$$\begin{aligned}\boldsymbol{F}_1 &= -\gamma\boldsymbol{v}\\ &= (-\gamma v_x,\ -\gamma v_y)\end{aligned}$$

である．また，物体には重力

$$\boldsymbol{F}_2 = (0,\ -mg)$$

も作用する (座標は前節と同じとする)．したがって，物体には

$$\begin{aligned}\boldsymbol{F} &= \boldsymbol{F}_1 + \boldsymbol{F}_2\\ &= (-\gamma v_x,\ -\gamma v_y - mg)\end{aligned}$$

という力が働くことになる．

この力を用いると運動方程式は

$$m\frac{d^2x}{dt^2} = -\gamma v_x$$

$$m\frac{d^2y}{dt^2} = -\gamma v_y - mg$$

となる．$v_x = \dfrac{dx}{dt}$ であり，定数と思わないこと．どちらも初めて見る形であるので，1つずつ解いてみよう．解き方は基本的には3.2節と同じである．

x 成分について

$$m\frac{d^2x}{dt^2} = -\gamma v_x$$

(1)　$v_x = \dfrac{dx}{dt}$ を用いる．

$$m\frac{dv_x}{dt} = -\gamma v_x$$

*7 速度に比例する抵抗であれば，空気でなくてもなんでもよい．

(2) 変数分離 (v_x, t を式の左右に分ける)

$$m\int \frac{1}{v_x}\,dv_x = -\int \gamma\,dt$$

(3) 不定積分

$$m\log|v_x| = -\gamma t + C_1 \qquad (C_1\text{は積分定数})$$

そして，次の積分のために式を変形する[*8]．

$$|v_x| = e^{-\frac{\gamma}{m}t+\frac{C_1}{m}}$$

絶対値を外して

$$v_x = \pm e^{-\frac{\gamma}{m}t+\frac{C_1}{m}}$$

さらに $\pm e^{C_1/m} = {C_1}'$ と積分定数を置き換えて，式を簡単にする[*9]．

$$v_x = {C_1}'e^{-\frac{\gamma}{m}t}$$

(4) x の微分に戻す．

$$\frac{dx}{dt} = {C_1}'e^{-\frac{\gamma}{m}t}$$

(5) 積分形に変形

$$\int dx = {C_1}'\int e^{-\frac{\gamma}{m}t}\,dt$$

(6) 不定積分

$$x = -\frac{m}{\gamma}{C_1}'e^{-\frac{\gamma}{m}t} + C_2 \qquad (C_2\text{は積分定数})$$

以上で，運動方程式の x 成分に対する解が得られた．

おまけの話

$e^{C_1/m}$ は正の値なのにこういう置き換えをしていいのかとか，$\pm$ の符号は v_x の符号がわかってないと決められないんじゃないかとか，ということが気になるかもしれない．ずるいと感じるかもしれないが，ここでは，置き換えた積分定数 ${C_1}'$ が本来の定数だと思っておけばよい．ただし，積分定数 C_1 を複素数にすれば $e^{C_1/m}$ を負にもできるので，この置き換えは変なことをしているわけではない．そして，初期条件を適用して ${C_1}'$ を決めると，符号も含めて運動を正しく表すことができることがわかっている．

それから，v_x の正負が途中で変わったりすることはないのか，という心配も不要である．これについては，いくつか問題を解いてみて，自分で確かめてみるとよい．また，積分の計算で絶対値をつけずに，$\log v_x$ のように書いてある本もある．手間を省いたやり方で，結果は同じである．log の中身が負になったらどうなるかをきちんとやりたければ，複素数の関数を学ぶ必要がある．

*8 $e^{\log x} = x$ を用いる．
*9 $e^{a+b} = e^a \cdot e^b$ を用いる．

y 成分について

$$m\frac{d^2y}{dt^2} = -\gamma v_y - mg$$

(1)　変数分離[*10]

$$m\int \frac{1}{\gamma v_y + mg}\, dv_y = -\int dt$$

(2)　不定積分

$$\frac{m}{\gamma}\log|\gamma v_y + mg| = -t + C_3 \qquad (C_3\text{は積分定数})$$

そして，次の積分のために式を変形する．

$$v_y = \frac{1}{\gamma}\left(-mg + C_3{}'e^{-\frac{\gamma}{m}t}\right)$$

ここでは $C_3{}' = \pm e^{\gamma C_3/m}$ と置き換えている．[*11]

(3)　積分形に変形

$$\int dy = \int\left(-\frac{mg}{\gamma} + \frac{C_3{}'}{\gamma}e^{-\frac{\gamma}{m}t}\right)dt$$

(4)　不定積分

$$y = -\frac{mg}{\gamma}t - \frac{mC_3{}'}{\gamma^2}e^{-\frac{\gamma}{m}t} + C_4 \qquad (C_4\text{は積分定数})$$

以上で，運動方程式の y 成分に対する解が得られた．

x, y 成分をまとめて書くと，一般解は

$$\begin{aligned}
x &= -\frac{m}{\gamma}C_1{}'e^{-\frac{\gamma}{m}t} + C_2\\
v_x &= C_1{}'e^{-\frac{\gamma}{m}t}\\
y &= -\frac{mg}{\gamma}t - \frac{mC_3{}'}{\gamma^2}e^{-\frac{\gamma}{m}t} + C_4\\
v_y &= \frac{1}{\gamma}\left(-mg + C_3{}'e^{-\frac{\gamma}{m}t}\right)
\end{aligned}$$

となる．

前節と同様に，初期条件として，高さ h のビルの上から x 軸の正の向きに速さ v_0 でボールを投げる場合を考えてみよう．すなわち，時刻 $t=0$ で，$(x,y)=(0,h)$, $(v_x,v_y)=(v_0,0)$ である．これを一般解に代入して，得られる連立方程式を解くと定数が決まる．

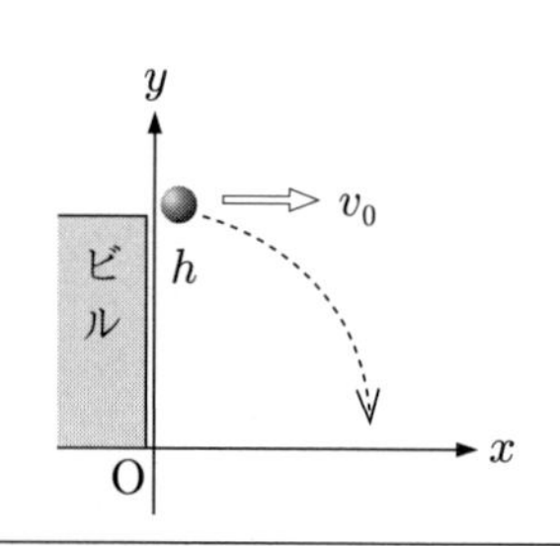

*10 変数分離では $m\dfrac{dv_y}{dt} + \gamma v_y = -mg$ としてもダメである．

*11 定数を右辺におくか左辺におくかなどで解の形が変わる．積分定数の置き換えで同じ形に変形できるが，そうしなくても初期条件を適用すれば必ず同じ形になる．

$$C_1{}' = v_0, \quad C_2 = \frac{m}{\gamma}v_0, \quad C_3{}' = mg, \quad C_4 = \frac{m^2 g}{\gamma^2} + h$$

これを一般解に入れ直すと

$$\begin{aligned} x &= \frac{m}{\gamma}v_0\left(1 - e^{-\frac{\gamma}{m}t}\right) \\ y &= h - \frac{mg}{\gamma}t + \frac{m^2 g}{\gamma^2}\left(1 - e^{-\frac{\gamma}{m}t}\right) \end{aligned}$$

となる．これがビルの上からボールを投げたときの運動を表す解である．速度は

$$v_x = v_0 e^{-\frac{\gamma}{m}t}$$

$$v_y = \frac{mg}{\gamma}\left(e^{-\frac{\gamma}{m}t} - 1\right)$$

である．

この運動をグラフで表示してみよう．x 軸方向の速度 v_x と位置 x に対するグラフは

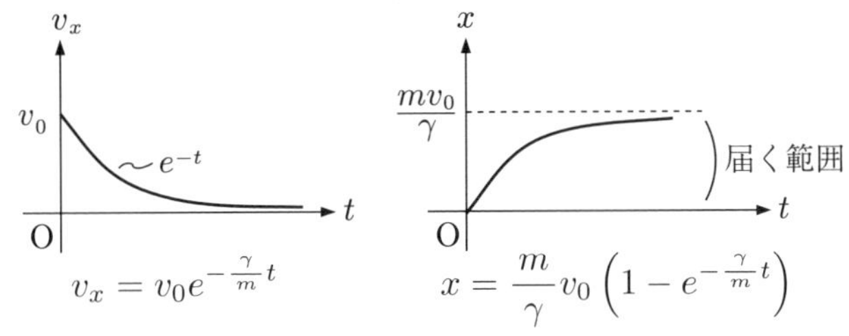

となる．速度には $e^{-\gamma t/m}$ という項が含まれているため，x 方向すなわち横方向の速度は時間とともにゼロに近づく．一方，位置は速度がゼロになるのに対応して，時間とともに一定値 mv_0/γ に近づく．すなわち，横方向にはある距離以上には進めないことがわかる．

これに対し，y 軸方向の速度 v_y と位置 y に対するグラフは

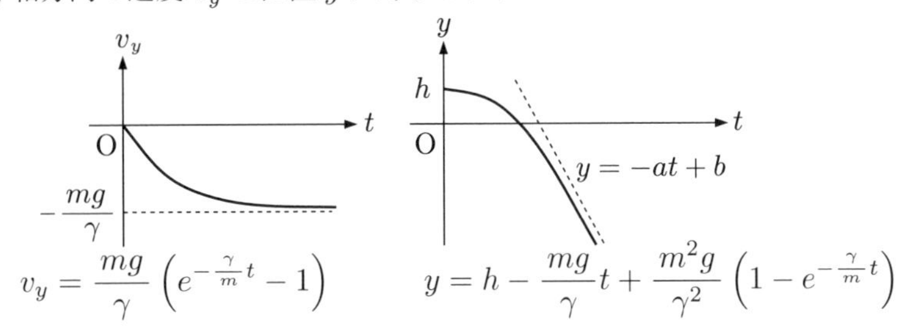

となる．y 方向すなわち縦方向の速度は時間とともに一定値 $-mg/\gamma$ に近づく．すなわち落下速度は最終的に一定値になる．これを**終端速度** (terminal velocity) という．一方，位置の変化は，速度が一定値になるのに対応して，等速度運動と同じものになる．実際に y の式は，t が大きいとき y に含まれる $e^{-\gamma t/m}$ という項がゼロになるので，

$$\begin{aligned} y &= \left(h + \frac{m^2 g}{\gamma^2}\right) - \frac{mg}{\gamma}t \\ &= \quad y_0 \quad - \ v\ t \end{aligned}$$

という等速度運動の式になる．

得られた解から時間 t を消去すれば，軌道を得ることができるが，グラフを見てわかる以上の情報は得られない．x 軸方向にはある距離までしか進めないということと，最終的には等速度で落下するということから，図のような運動になることがわかる．

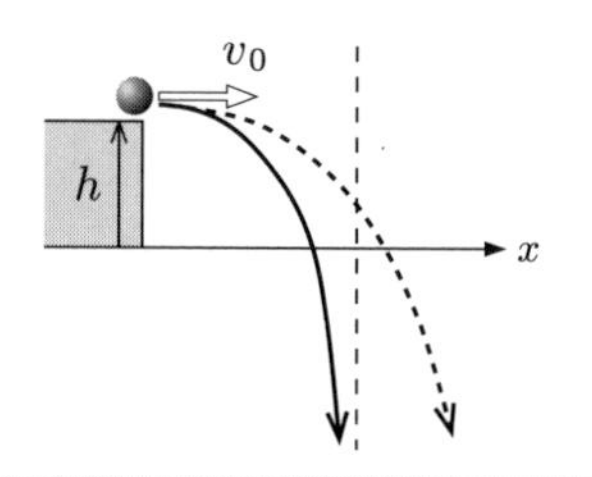

例題 3.2　質量 m の隕石が初速 v_0 で大気中に飛び込んできた．大気中では常に比例係数 α の速度に比例する抵抗が働く．重力の影響が無視でき，隕石は一直線上を運動するものとして，座標と時刻を適切に考え，隕石の速度と位置を表す式を求めよ．

解答　隕石が飛び込んだ時刻を $t=0$，その位置を $x=0$ とし，隕石の進行方向を x 軸の正の方向にとる．運動方程式は

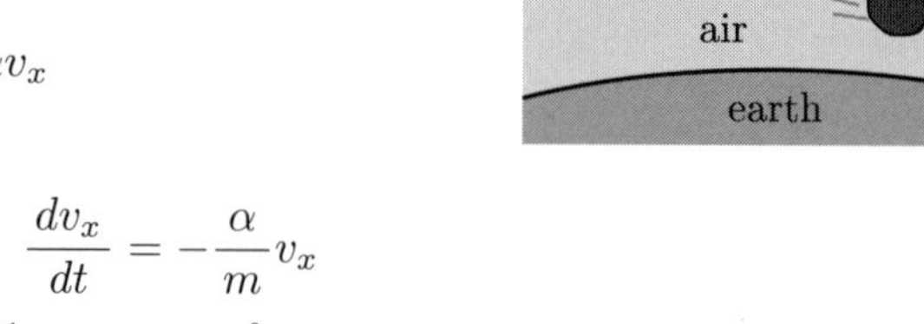

$$m\frac{d^2x}{dt^2}=-\alpha v_x$$

と書けるので，これを解くと

$$\frac{dv_x}{dt}=-\frac{\alpha}{m}v_x$$

$$\int\frac{1}{v_x}dv_x=-\int\frac{\alpha}{m}dt$$

$$\log|v_x|=-\frac{\alpha}{m}t+C_1$$

$$v_x={C_1}'e^{-\frac{\alpha}{m}t}$$

初期条件は $t=0$ で $v_x=v_0$ なので

$$v_0={C_1}'e^{-\frac{\alpha}{m}0}\quad\rightarrow\quad{C_1}'=v_0$$

$$\therefore\quad v_x=v_0e^{-\frac{\alpha}{m}t}$$

となる．続いて位置を求めると

$$\frac{dx}{dt}=v_0e^{-\frac{\alpha}{m}t}$$

$$\int dx=\int v_0e^{-\frac{\alpha}{m}t}\,dt$$

$$x=-\frac{mv_0}{\alpha}e^{-\frac{\alpha}{m}t}+C_2$$

となる．初期条件は $t=0$ で原点 $x=0$ なので

$$0=-\frac{mv_0}{\alpha}e^{-\frac{\alpha}{m}0}+C_2\quad\rightarrow\quad C_2=\frac{mv_0}{\alpha}$$

$$\therefore\quad x=\frac{mv_0}{\alpha}\left(1-e^{-\frac{\alpha}{m}t}\right)$$

∎

◆練習問題 3◆

特に指定がない場合は，物体や質点の質量は m とし，x 軸は右向き，y 軸は上向きとする．また必要に応じて，重力加速度の大きさ g を用いてよい．

1. 次の微分方程式を解け．

(1) $\dfrac{dx}{dt} = at + b$　(2) $\dfrac{dx}{dt} = \dfrac{1}{at + b}$　(3) $\dfrac{dx}{dt} = \dfrac{t}{at^2 + b}$

(4) $\dfrac{dx}{dt} = e^{at+b}$　(5) $\dfrac{dx}{dt} = ax$　(6) $\dfrac{dx}{dt} = ax^2$　(7) $\dfrac{dx}{dt} = ax + b$

(8) $\dfrac{dx}{dt} = a - bx$　(9) $\dfrac{dx}{dt} = \dfrac{1}{ax + b}$　(10) $\dfrac{dx}{dt} = e^{ax+b}$

2. 抵抗力のない場合の落体の運動について，以下の問に答えよ．

(1) 時刻 $t = 0$ で，原点から速さ v_0，x 軸とのなす角 θ で物体を斜め上方に発射したときの解 $x(t), y(t)$ を求めよ．

(2) 落下点の x 座標を求めよ．

(3) 最も遠くに落ちるのは，$\theta = \pi/4$ の場合であることを示せ．

3. 抵抗力のみが働く場合の物体の運動について，一般解を $x = C_1 e^{-\frac{\gamma}{m}t} + C_2$ と書いたとき，以下の初期条件について解を求めよ．ただし，$a > 0, v_0 > 0$ とする．

(1) 時刻 $t = 0$ で $x = a, v_x = 0$

(2) 時刻 $t = 0$ で $x = 0, v_x = v_0$

(3) 時刻 $t = 0$ で $x = a, v_x = -v_0$

(4) 問 (2),(3) について，最終的に到達する位置を求めよ．

4. 物体に一定の大きさ f の力を x 軸の正の向きに加える．また，この物体には抵抗係数が γ の速度に比例する抵抗力も働くものとする．

(1) 物体の運動方程式を書け．

(2) 一般解を求めよ．

5. 抵抗力と一定の力 f が働く場合の物体の運動について，一般解を $x = \dfrac{f}{\gamma}t + C_3 e^{-\frac{\gamma}{m}t} + C_4$ と書いたとき，以下の初期条件について解を求めよ．ただし，$a > 0, v_0 > 0$ とする．

(1) 時刻 $t = 0$ で $x = 0, v_x = 0$

(2) 時刻 $t = 0$ で $x = a, v_x = 0$

(3) 時刻 $t = 0$ で $x = 0, v_x = v_0$

(4) 時刻 $t = 0$ で $x = a, v_x = -v_0$

(5) 終端速度を求めよ．

(6) 問 (4) について，x 座標の値の最小値を求めよ．

6. 地上から真上に速さ v_0 で発射した物体の到達する最高点の高さを求めよ．ただし，物体

には抵抗係数が γ の抵抗力が働くものとする．

7. 体重 100 kg の人がスカイダイビングをして終端速度が時速 240 km だったときの，抵抗係数を求めよ．ただし，重力加速度の大きさを $10\,\mathrm{m/s^2}$ とする．

8. 最大 10^5 N の力で加速できる自動車がある．自動車の抵抗係数が 2×10^3 N s/m のとき，この車で到達できる最高速度は時速何 km になるか求めよ．

9. 物体を速さ v_0 で x 軸の正の向きに発射する．この物体には重力は働かず，抵抗係数が α で速度の 2 乗に比例する抵抗力のみが働くものとする．

(1) 物体の運動方程式 (x 成分のみ) を書け．なお，速度の 2 乗に比例する抵抗力は，簡単なベクトルの形で書くことができない．力の正負にも注意すること．

(2) 速度と位置について，一般解を求めよ．

(3) 時刻 $t = 0$ で原点から発射したものとして，速度と位置を時刻 t で表せ．

(4) 最終的に到達する位置はどこか．

10. 鉛直下向きに x 軸をとり，物体を原点から静かに放す．この物体には重力と，抵抗係数が α で速度の 2 乗に比例する抵抗力が働き，物体は x 軸の正の方向にどこまでも落下できるものとする．

(1) 物体の運動方程式 (x 成分のみ) を書け．なお，速度の 2 乗に比例する抵抗力は，簡単なベクトルの形で書くことができない．力の正負にも注意すること．

(2) 速度と位置について，一般解を求めよ．

(3) 原点から放した時刻を $t = 0$ として，速度と位置を時刻 t で表せ．

(4) 終端速度を求めよ．

◇◈答◈◇

1. (1) $x = \frac{1}{2}at^2 + bt + C$　(2) $x = \frac{1}{a}\log|at+b| + C$　(3) $x = \frac{1}{2a}\log|at^2+b| + C$

(4) $x = \frac{1}{a}e^{at+b} + C$　(5) $\log|x| = at + C$, $x = \pm e^{at+C}$　(6) $x = -\frac{1}{at+C}$

(7) $\frac{1}{a}\log|ax+b| = t + C, \quad x = \frac{1}{a}\left\{\pm e^{a(t+C)} - b\right\}$

(8) $-\frac{1}{b}\log|a-bx| = t + C, \quad x = \frac{1}{b}\left\{a \pm e^{-b(t+C)}\right\}$

(9) $\frac{1}{2}ax^2 + bx = t + C$, $x = \frac{-b \pm \sqrt{b^2 + 2a(t+C)}}{a}$

(10) $-\frac{1}{a}e^{-ax-b} = t + C, \quad x = -\frac{1}{a}\left[\log\{-a(t+C)\} + b\right]$

2. (1) $x = v_0\cos\theta \cdot t, \quad y = v_0\sin\theta \cdot t - \frac{1}{2}gt^2$　(2) $x = \frac{2{v_0}^2\sin\theta\cos\theta}{g}$　(3) 略

3. (1) $x = a$　(2) $x = \frac{mv_0}{\gamma}\left(1 - e^{-\frac{\gamma}{m}t}\right)$　(3) $x = a - \frac{mv_0}{\gamma}\left(1 - e^{-\frac{\gamma}{m}t}\right)$

(4) 問 (2) $\frac{mv_0}{\gamma}$　問 (3) $a - \frac{mv_0}{\gamma}$

4. (1) $m\frac{d^2x}{dt^2} = f - \gamma v_x$ $\left(m\frac{dv_x}{dt} = f - \gamma v_x\right.$ なども可$\left.\right)$　(2) $x = \frac{f}{\gamma}t - \frac{m{C_3}'}{\gamma^2}e^{-\frac{\gamma}{m}t} + C_4$

5. (1) $x = \frac{f}{\gamma}t + \frac{mf}{\gamma^2}\left(e^{-\frac{\gamma}{m}t} - 1\right)$　(2) $x = a + \frac{f}{\gamma}t + \frac{mf}{\gamma^2}\left(e^{-\frac{\gamma}{m}t} - 1\right)$

(3) $x = \frac{f}{\gamma}t + \frac{m}{\gamma}\left(\frac{f}{\gamma} - v_0\right)\left(e^{-\frac{\gamma}{m}t} - 1\right)$　(4) $x = a + \frac{f}{\gamma}t + \frac{m}{\gamma}\left(\frac{f}{\gamma} + v_0\right)\left(e^{-\frac{\gamma}{m}t} - 1\right)$

(5) $\frac{f}{\gamma}$　(6) $a - \frac{mv_0}{\gamma} + \frac{mf}{\gamma^2}\log\left(\frac{f + \gamma v_0}{f}\right)$

6. $\frac{mv_0}{\gamma} - \frac{m^2g}{\gamma^2}\log\left(\frac{mg + \gamma v_0}{mg}\right)$

7. 15 N s/m

8. 180 km/h

9. (1) $m\frac{d^2x}{dt^2} = -\alpha {v_x}^2$　(2) $v_x = \frac{1}{\frac{\alpha}{m}t + C_1}, \quad x = \frac{m}{\alpha}\log\left(\frac{\alpha}{m}t + C_1\right) + C_2$

(3) $v_x = \frac{mv_0}{\alpha v_0 t + m}, \quad x = \frac{m}{\alpha}\log\left(\frac{\alpha v_0}{m}t + 1\right)$　(4) 無限遠

10. (1) $m\dfrac{d^2x}{dt^2} = mg - \alpha v_x^2$

(2) $v_x = \sqrt{\dfrac{mg}{\alpha}}\dfrac{C_1 e^{\sqrt{\alpha g/m}\ t} - e^{-\sqrt{\alpha g/m}\ t}}{C_1 e^{\sqrt{\alpha g/m}\ t} + e^{-\sqrt{\alpha g/m}\ t}}$,

$x = \dfrac{m}{\alpha}\log\left|C_1 e^{\sqrt{\alpha g/m}\ t} + e^{-\sqrt{\alpha g/m}\ t}\right| + C_2$

(3) $v_x = \sqrt{\dfrac{mg}{\alpha}}\dfrac{e^{\sqrt{\alpha g/m}\ t} - e^{-\sqrt{\alpha g/m}\ t}}{e^{\sqrt{\alpha g/m}\ t} + e^{-\sqrt{\alpha g/m}\ t}}$,　$x = \dfrac{m}{\alpha}\log\left\{\dfrac{1}{2}\left(e^{\sqrt{\alpha g/m}\ t} + e^{-\sqrt{\alpha g/m}\ t}\right)\right\}$

(4) $\sqrt{\dfrac{mg}{\alpha}}$

質点の力学 — 振動 —

この章では，振動の運動方程式の解き方を解説する．

4.1 単振動

物体にばねによる力[*1]

$$\boldsymbol{F} = -k\boldsymbol{r} = (-kx,\ -ky,\ -kz)$$

が働いているときに生じる運動が振動である．振動が一直線上で起きているときが最も単純な運動方程式になる．なぜなら，振動の方向に x 軸をとると，力は

$$\boldsymbol{F} = (-kx,\ 0,\ 0)$$

となり，運動方程式の x 成分だけを考えればよいからである．このような振動を単振動 (harmonic oscillation) という．

重力の影響を考えなくてもよいように，振動は水平方向であるとする．運動方程式の x 成分は

$$m\frac{d^2x}{dt^2} = -kx$$

となる．ここで x は物体 (おもり) の位置を表すが，振動の場合はばねが自然の長さで，何も力が働かないときの位置を原点にとる．そうすると，物体の位置 x とばねの伸び縮みの量が等しくなり，以後の式が簡単になるからである[*2]．

前章の解き方にならって，運動方程式を解こうとしてみる．

(1) v_x で書き直す．

$$m\frac{dv_x}{dt} = -kx$$

(2) 変数分離をすると

$$(誤)\quad m\int dv_x = -\int kx\,dt$$

[*1] 自然長は無視できるものとする．

[*2] 鉛直方向に振動する場合でも，ばねが伸びてつりあった位置を原点にとると，$x = 0$ で重力とばねの伸びによる力が打ち消しあう．これにより，ばねの伸び縮みによる力は $-kx$ と簡単に表されることになる．

となるが，この右辺の積分はできない．なぜなら，x は t とは異なる変数だからである．変数 t の積分で計算できるのは t の関数だけである*3．

(2′)　変数分離のための工夫

積分できる形に変形する方法は知られている．まず両辺に v_x を掛けて右辺を書き直す．

$$m\,v_x\frac{dv_x}{dt} = -kx\ v_x$$
$$= -kx\frac{dx}{dt}$$

t を右辺に集めると

$$mv_x dv_x = -kx\frac{dx}{dt}\,dt$$
$$= -kx\,dx$$

というように式から t を消すことができ*4，積分できる形になる．

$$(\text{正})\quad m\int v_x\,dv_x = -k\int x\,dx$$

(3)　不定積分

$$\frac{1}{2}m{v_x}^2 = -\frac{1}{2}kx^2 + C_1 \qquad (C_1\text{は積分定数})$$

この積分定数 C_1 には全エネルギーという意味があるが，これについては第 5 章で扱う．次の積分のために式を変形する*5．

$$v_x = \sqrt{{C_1}' - \frac{k}{m}x^2}$$

ここでは ${C_1}' = 2C_1/m$ と置き換えている．

(4)　x に戻す．

$$\frac{dx}{dt} = \sqrt{{C_1}' - \frac{k}{m}x^2}$$

(5)　変数分離

$$\int\frac{1}{\sqrt{{C_1}' - \frac{k}{m}x^2}}\,dx = \int dt$$

*3 x の関数形，すなわち $x = f(t)$ があらかじめわかっていれば，それを代入して積分することができるが，x の関数形はこれから求めようとしているものなので，まだどういう関数なのかわかっていない．

*4 dt が消えるのは約分ではない．積分変数を取り替える，変数変換という操作になる．(6) の不定積分のやり方を参照せよ．

*5 ルートをとるときの ± はどうするのか，気になる人もいるかもしれない．v_x は負になることもあるので，本当はすべての場合をチェックする必要があるが，ここでは手抜きをしている．最終結果はすべての場合に対して正しいことがわかっている．

(6) 不定積分

左辺の不定積分を公式に頼らずに行うには工夫が必要である．まず，

$$\sqrt{\frac{k}{m{C_1}'}}\,x = y \tag{4.1}$$

という変数の置き換えをする．積分変数も入れ換える必要があるため，式 (4.1) の両辺を y で (x でもよい) 微分して dx と dy を分けることにより

$$dx = \sqrt{\frac{m{C_1}'}{k}}\,dy$$

を得ておく．これらを左辺に代入すると

$$(\text{左辺}) = \sqrt{\frac{m}{k}}\int \frac{1}{\sqrt{1-y^2}}\,dy$$

が得られる．このように変数を置き換えることは**変数変換** (change of variable) といい，積分以外でも用いる．積分での変数変換は置換積分ともいう．

さらに変数変換 $y = \sin\theta$ を行う[*6]．$dy = \cos\theta\,d\theta$ となるので

$$(\text{左辺}) = \sqrt{\frac{m}{k}}\int d\theta$$

と変形できる[*7]．この変形の結果，式は

$$\sqrt{\frac{m}{k}}\int d\theta = \int dt$$

となるので，両辺積分して

$$\sqrt{\frac{m}{k}}\theta = t + C_2$$

が得られる．しかし，y や θ は勝手に導入した変数なので，もとの x に戻さなければならない．

$$\begin{aligned} x &= \sqrt{\frac{m{C_1}'}{k}}\,y \\ &= \sqrt{\frac{m{C_1}'}{k}}\,\sin\theta \\ &= \sqrt{\frac{m{C_1}'}{k}}\,\sin\left\{\sqrt{\frac{k}{m}}\,(t + C_2)\right\} \end{aligned}$$

以上で，運動方程式の一般解が得られた．

---

*6 こういう変換の見つけ方に万能な方法はない．いくつかの定番はあるが，それを使えるようになるにも修行が必要である．

*7 $\sqrt{1-\sin^2\theta} = |\cos\theta|$ なので，正しくやろうとすると面倒になるが，(3) で ${v_x}^2$ のルートをとったときと同様に，正しい結果が得られることがチェック済みである．$\cos\theta > 0$ になるように θ の値を制限してあると思ってもよい．

ここで,

$$\sqrt{\frac{k}{m}} = \omega$$

と書き, ω を**角振動数** (angular frequency) と呼ぶ. 角振動数は等速円運動の角速度 ω と同じものと思ってよい*8. 1秒間に何回振動するかという**振動数** (frequency) ν, および振動1回にかかる時間を表す**周期** (period) T と, 角振動数 ω の間の関係は次のようになる.

$$\nu = \frac{\omega}{2\pi}, \quad T = \frac{1}{\nu} = \frac{2\pi}{\omega}$$

積分定数の置き換え

$$\sqrt{\frac{mC_1{}'}{k}} = C_1{}'', \qquad \omega C_2 = C_2{}'$$

を行うと, 一般解は

$$x = C_1{}'' \sin(\omega t + C_2{}')$$

となる. この形で書いたときの定数 $C_1{}''$, $C_2{}'$ は, それぞれ**振幅** (amplitude), **初期位相** (initial phase) と呼ばれる. 振幅は振動の大きさ, 初期位相は振動がどの位置から始まるかということを表す定数である.

ここで注意しなければならないのは, 積分定数を置き換えてしまっているので, 最初に得た v_x の式にある積分定数 C_1 はもはや有効ではない. 初期条件を適用するためには v_x の式が必要なので, 得られた一般解から v_x を再度計算しておかなければならない. すなわち

$$x = C_1{}'' \sin(\omega t + C_2{}')$$

$$v_x = C_1{}'' \omega \cos(\omega t + C_2{}')$$

である.

続いて, 初期条件を2通りの場合について考える.

例1　時刻 $t = 0$ で, $x = 0$, $v_x = v_0$ の場合

一般解に条件を入れてみると

$$0 = C_1{}'' \sin C_2{}'$$

$$v_0 = C_1{}'' \omega \cos C_2{}'$$

である. $C_1{}'' = 0$ だと $x = 0$, $v_x = 0$ となり, 運動しなくなってしまうので, $C_1{}'' \neq 0$ と考えなければならない. すると $\sin C_2{}' = 0$, すなわち $C_2{}' = 0$ となる. もちろん, $C_2{}' = \pi$ や $C_2{}' = 2\pi$ でもよいが, 最も簡単な値をとっておくのが便利である. 結局, 積分定数は

$$C_2{}' = 0, \qquad C_1{}'' = \frac{v_0}{\omega}$$

*8 リサジュー図形を参照.

と決まり，解は

$$x = \frac{v_0}{\omega} \sin \omega t$$

となる．

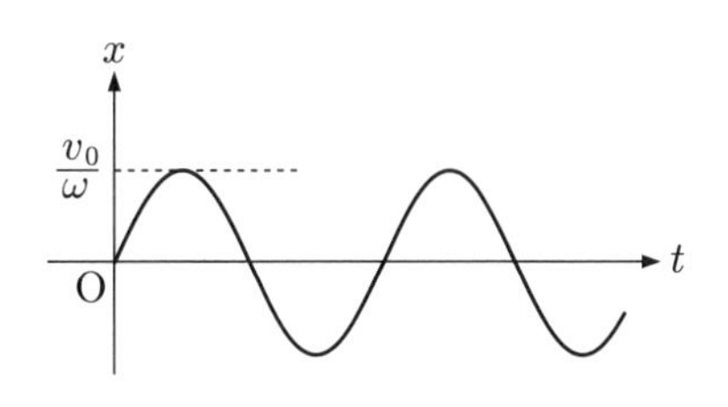

例 2　時刻 $t = 0$ で，$x = a$, $v_x = 0$ の場合

一般解に条件を入れてみると

$$a = C_1{}'' \sin C_2{}'$$

$$0 = C_1{}'' \omega \cos C_2{}'$$

である．今度は $\cos C_2{}' = 0$ でなければならないので，最も簡単な値をとると $C_2{}' = \pi/2$ となる．したがって，積分定数は

$$C_2{}' = \frac{\pi}{2}, \qquad C_1{}'' = a$$

と決まり，解は

$$x = a \sin \left(\omega t + \frac{\pi}{2} \right)$$

$$= a \cos \omega t$$

となる (sin, cos どちらの式でもよい)．

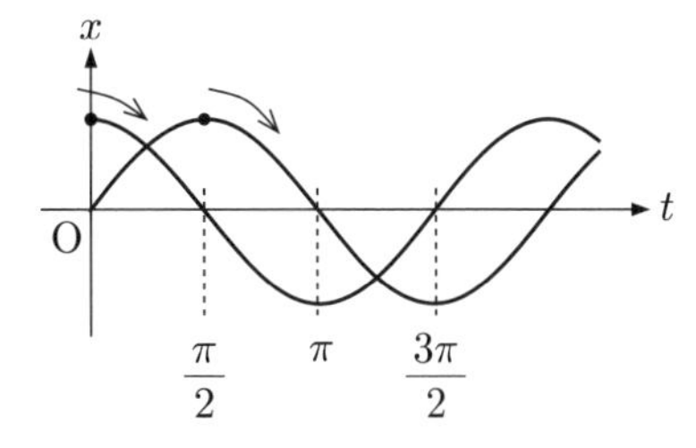

例題 4.1　図のように，質量 $2m$ の球をばね定数 k のばねに吊す．つりあいの位置を $x = 0$ とし，時刻 $t = 0$ で $x = -a$ の位置で静かに放して運動させるものとする．

(1)　球の運動方程式を書け．

(2)　(1) の運動方程式の (単振動の) 一般解を書け．ただし，この問題では方程式を解く必要はない．

(3)　初期条件を適用して，解 (時刻 t での球の位置) を求めよ．

解答

(1)　運動方程式*9

$$2m \frac{d^2 x}{dt^2} = -kx$$

(2)　一般解

$$x = C_1 \sin (\omega t + C_2)\,, \quad \omega = \sqrt{\frac{k}{2m}}$$

*9 非常に多い間違いが $2m \dfrac{d^2 x}{dt^2} = -kx - 2mg$ である．つりあいの位置を原点にしたときは $-2mg$ は入らない．$x = 0$ で力が働かないようになっているということを考えよ．

(3)　まず速度を表す式を求めておく．

$$x = C_1 \sin(\omega t + C_2)$$

$$v_x = C_1 \omega \cos(\omega t + C_2)$$

初期条件は $t = 0$ で $x = -a$, $v_x = 0$ なので

$$-a = C_1 \sin(\omega \cdot 0 + C_2) \quad = C_1 \sin C_2$$

$$0 = C_1 \omega \cos(\omega \cdot 0 + C_2) = C_1 \omega \cos C_2$$

$C_1 \neq 0$ なので

$$C_2 = \frac{\pi}{2}, \quad C_1 = -a$$

$$\therefore \quad x = -a \sin\left(\omega t + \frac{\pi}{2}\right)$$

$$= -a \cos \omega t$$

∎

4.2　単振動の解き方：その2

ここでは運動方程式を積分を使わないで解く方法を説明する．それは当てずっぽうでも何でもよいので，方程式を満たす解を2つ見つける，というものである．このような解を**特解** (particular solution, **特殊解**ともいう) という．この特解が2つあれば，それらから一般解を作ることができる，という定理があり，ここではそれを利用する．

特解の候補として，指数関数の解があると仮定して (その理由はコラム参照)

$$x = e^{at}$$

おまけの話: 特解の見つけ方

これまでに解いた運動方程式から，特解を見つけるヒントが得られる．抵抗のある場合は

運動方程式：$m\dfrac{dv_x}{dt} = -\gamma v_x$

$\rightarrow$ 解：$v_x = Ce^{-\frac{\gamma}{m}t}$

である．運動方程式をみると，v_x の微分が v_x に比例，つまり微分しても同じ形になるということを示している．指数関数 e^x は微分してももとに戻る関数なので，それが解になることは自然に見える．

単振動の場合は

運動方程式：$m\dfrac{d^2x}{dt^2} = -kx$

$\rightarrow$ 解：$x = C \sin \omega t$

である．運動方程式をみると，x の2階微分が x に比例，つまり2回微分すると同じ形になるということを示している．三角関数を微分すると

$$\sin x \quad \rightarrow \quad \cos x \quad \rightarrow \quad -\sin x$$

のように，2回でもとに戻るので，これが解になることは自然に見える．ところが，指数関数は1回の微分でもとに戻るので，2回微分してもやはりもとに戻る．このことから，単振動の場合も指数関数で解が書けるのではないかというヒントが得られる．

を運動方程式

$$m\frac{d^2x}{dt^2} = -kx$$

に入れてみよう．a を調節すれば運動方程式の解になるのではないかと期待するのである．すると

$$ma^2e^{at} = -ke^{at}$$

e^{at} はゼロになることはないので，割って消去して整理すると，

$$a^2 = -\frac{k}{m} \qquad \therefore \quad a = \pm i\omega \qquad \left(\omega = \sqrt{\frac{k}{m}}\right)$$

となる．すなわち，このような a であれば運動方程式を満たすということがわかる．したがって，試しにやった e^{at} から，2つの特解

$$x = e^{i\omega t}, \qquad x = e^{-i\omega t}$$

が得られた．この2つの特解を，2つの定数 A, B (A, B は何でもよい) を使って

$$x = Ae^{i\omega t} + Be^{-i\omega t} \tag{4.2}$$

のように組み合わせたものが一般解になる．

理由は以下の通りである．運動方程式を積分して一般解を得るときには，積分を2回行うので積分定数が2つ含まれる．逆に，これが一般解であるための条件でもある．積分定数がなければ，位置や速度を指定する初期条件を当てはめることができないからである．一方，上で得られた特解 $e^{\pm i\omega t}$ には積分定数は含まれていない (含まれていてもよい) が，何でもよい定数 A, B が積分定数の代わりをする．つまり，積分定数と同じ役割をする定数が2個入っている解なので一般解と同じ，という仕組みである．

これが本当に解になっているかどうかは簡単にチェックできる．2回微分してみると

$$\begin{aligned}\frac{d^2x}{dt^2} &= A(i\omega)^2e^{i\omega t} + B(-i\omega)^2e^{-i\omega t} \\ &= -\omega^2\, x\end{aligned}$$

となり，確かに解になっていることがわかる．

別の解の形

オイラーの公式を使うと，得られた解を sin, cos で書き直すことができる．解 (4.2) に

$$e^{i\omega t} = \cos\omega t + i\sin\omega t$$

$$e^{-i\omega t} = \cos\omega t - i\sin\omega t$$

を代入すると

$$x = (A+B)\cos\omega t + i(A-B)\sin\omega t$$

おまけの話：オイラーの公式

ここで，$e^{i\omega t}$ っていったい何だと思っている人のために，複素数の説明をしておこう．$i^2 = -1$ となる虚数 (imaginary number) の単位 i を使って，2 つの実数 (real number) x, y を結合したもの $x + iy$ を複素数 (complex number) と呼ぶ．2 つの実数なので，図のように xy 平面上にある点にちょうど対応する．ここで，三角関数 $\sin\theta$, $\cos\theta$ の定義を思い出そう．半径 1 の円周上の，角度 θ の位置にある点の x 座標と y 座標が，それぞれ $\sin\theta$, $\cos\theta$ なので，これを複素数に重ねてみると

$$x + iy \quad \leftrightarrow \quad \cos\theta + i\sin\theta$$

という組み合わせの複素数を作ることができる．これが $e^{i\theta}$，すなわち

$$e^{i\theta} = \cos\theta + i\sin\theta$$

であるというのが，オイラーの公式 (Euler's formula) である．

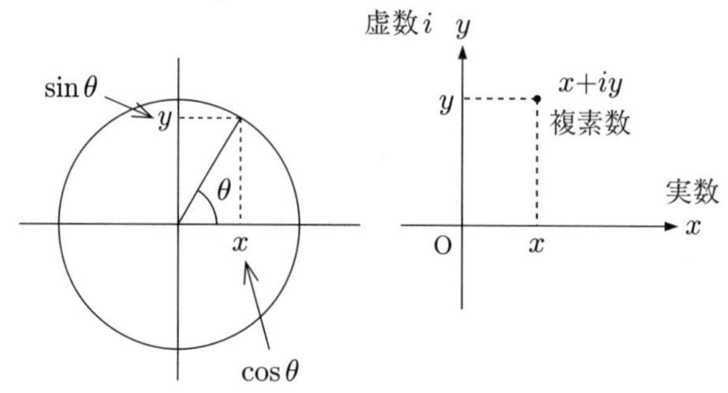

証明はここではしないが (数学の本を参照してほしい)，両辺を微分してみると

$$\frac{d}{d\theta}e^{i\theta} = ie^{i\theta} = i(\cos\theta + i\sin\theta) = i\cos\theta - \sin\theta$$

$$\frac{d}{d\theta}(\cos\theta + i\sin\theta) = -\sin\theta + i\cos\theta$$

と一致するので，それほど奇妙な式ではないことは納得できるだろう．

となる．ここで $A + B \to A'$，$i(A - B) \to B'$ と置き換えると

$$x = A'\cos\omega t + B'\sin\omega t \tag{4.3}$$

が得られる．このように書き直すメリットは以下の通りである．もとの解 (4.2) では，$e^{i\omega t}$ が複素数であることから，その係数 A, B も複素数になるのが普通である．これに対し，新たに置いた係数 A', B' は実数になる分だけ計算が楽になる．

おまけの話

式 (4.3) を見るとあたかも $\cos\omega t$, $\sin\omega t$ が特解であって，それを係数 A', B' で結合したように見える．実際に，それは正しい．試しに置く関数として，e^{at} の代わりに $\cos at$ と $\sin at$ を運動方程式に入れてみると，$a = \omega$ であれば方程式を満たすことが簡単にわかる．そもそも e^{at} を候補として考えたのは，2 回微分してもとに戻る関数だったからであるが，sin, cos も 2 回微分してもとに戻る関数であるし，積分で得られた一般解は sin 関数で書かれていたので，最初から候補の 1 つだったのである．

以上で，単振動の一般解が 3 通りの形で得られた．

$$x = C_1\sin(\omega t + C_2) \tag{4.4}$$

$$x = Ae^{i\omega t} + Be^{-i\omega t} \tag{4.5}$$

$$x = A' \cos\omega t + B' \sin\omega t \tag{4.6}$$

C_1, C_2, A', B' は実数の定数，A, B は複素数の定数である．

初期条件の適用

別解に対しても初期条件は同じように適用すればよい．例として，解 (4.5) を考えてみよう．初期条件を $t = 0$ のとき，$x = 0$, $v_x = v_0$ とする．

$$x = Ae^{i\omega t} + Be^{-i\omega t}$$

$$v_x = Ai\omega e^{i\omega t} - Bi\omega e^{-i\omega t}$$

に初期条件を代入すると，

$$0 = A + B$$

$$v_0 = i\omega(A - B)$$

となり，これを解くと

$$A = \frac{v_0}{2i\omega}, \quad B = -\frac{v_0}{2i\omega}$$

が得られる．これをもとの解に代入してオイラーの公式を使うと

$$x = \frac{v_0}{\omega} \sin\omega t$$

が得られる．複素数で書かれた一般解を使っても，初期条件を適用すれば，最終的な解は実数だけになる．

例題 4.2 図のように，ばね定数 k のばねが 10 本ついたトレーニングマシンに質量 M の鉄球を吊す．つりあいの位置を $x = 0$ とする．

(1) 鉄球の運動方程式を書け．

(2) 解の形を $x = e^{at}$ と仮定することにより，鉄球の運動の一般解を求めよ．

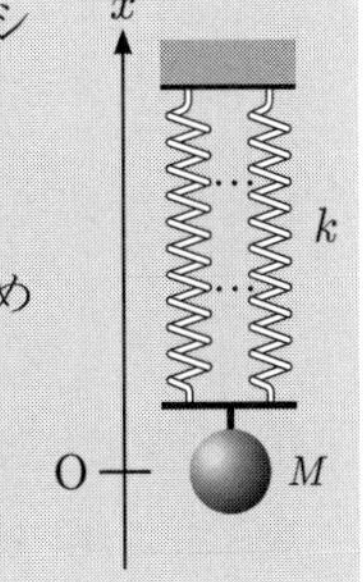

解答

(1) 運動方程式は

$$M\frac{d^2x}{dt^2} = -10kx$$

(2) $x = e^{at}$ を運動方程式に代入すると

$$Ma^2 = -10k \qquad \therefore \quad a = \pm i\sqrt{\frac{10k}{M}}$$

が得られる．$\omega = \sqrt{\dfrac{10k}{M}}$ とおくと

$$x = Ae^{i\omega t} + Be^{-i\omega t}$$

が一般解となる． ∎

4.3　減衰振動

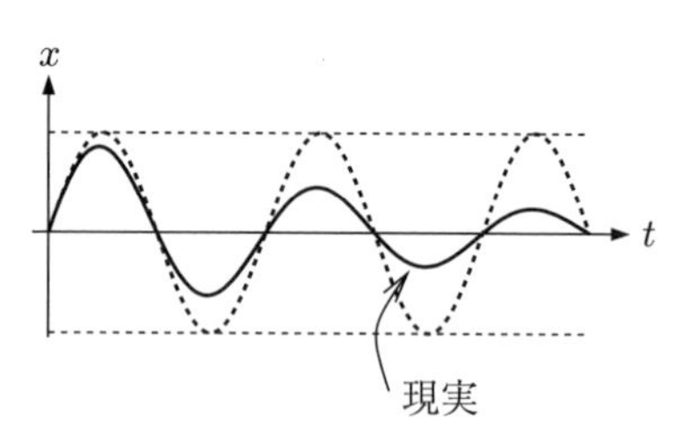

単振動は振幅が一定なので，いつまでも同じ幅で振動し続けるが，現実にはそういうことはない．摩擦や抵抗のために振幅は徐々に小さくなる．このような運動が減衰振動である．この節では減衰振動の運動方程式の解き方を説明する．

ここでは振動を小さくする力として，3.4 節で扱った速度に比例する抵抗を導入する．したがって，物体に働く力はばねの力と抵抗の力の 2 つである．運動方程式は 2 つの力を足して入れればよいので

$$m\frac{d^2x}{dt^2} = -kx - \gamma v_x$$

となる．運動方程式を見るだけでも，k と γ の大小関係によって運動のようすが異なることがわかる．もし k が大きくて γ が無視できるぐらい小さければ，運動は単振動に近いものになり，逆に，k が無視できるぐらい小さくて γ が大きければ，運動は投げたボールの (水平方向の) 運動のようになることが予想できる．

運動方程式を解くために，まず簡単な形に書き直す．

$$\frac{k}{m} = \omega^2, \quad \frac{\gamma}{m} = 2\rho$$

という新しい記号を導入して，さらに $v_x = \dfrac{dx}{dt}$ に書き直すと

$$\frac{d^2x}{dt^2} + 2\rho\frac{dx}{dt} + \omega^2 x = 0$$

となる (全部左辺に移項した)．

解き方は 4.2 節と同様に，2 つの特解を見つけるというものである．単振動と同じ $x = e^{at}$ の形の解があるかどうかを試す．

$$\frac{dx}{dt} = ae^{at}, \quad \frac{d^2x}{dt^2} = a^2e^{at}$$

を方程式に代入すると

$$\left(a^2 + 2\rho a + \omega^2\right)e^{at} = 0$$

となる．e^{at} がゼロになることはないので

$$a^2 + 2\rho a + \omega^2 = 0$$

でなければならない[*10]．この 2 次方程式の解は

$$a = -\rho \pm \sqrt{\rho^2 - \omega^2}$$

なので，$\rho \neq \omega$ の場合は

$$x = e^{(-\rho+\sqrt{\rho^2-\omega^2})t}, \quad x = e^{(-\rho-\sqrt{\rho^2-\omega^2})t}$$

の 2 つが特解となる．一般解は

$$\begin{aligned} x &= Ae^{(-\rho+\sqrt{\rho^2-\omega^2})t} + Be^{(-\rho-\sqrt{\rho^2-\omega^2})t} \\ &= e^{-\rho t}\left(Ae^{\sqrt{\rho^2-\omega^2}\,t} + Be^{-\sqrt{\rho^2-\omega^2}\,t}\right) \end{aligned}$$

である．

2 次方程式の解は判別式の値によって，2 つの実数解，2 つの虚数解，重解の 3 通りになる．それに応じて，この一般解がどうなるかを見てみよう．

(1) $\rho^2 - \omega^2 > 0$ の場合

$-\rho + \sqrt{\rho^2 - \omega^2}$ も $-\rho - \sqrt{\rho^2 - \omega^2}$ も負の実数になる．なぜなら，ω はゼロではないので $\sqrt{\rho^2 - \omega^2} < \rho$ となるからである．したがって，一般解は

$$\begin{aligned} x &= Ae^{(-\rho+\sqrt{\rho^2-\omega^2})t} + Be^{(-\rho-\sqrt{\rho^2-\omega^2})t} \\ &= Ae^{-\alpha t} + Be^{-\beta t} \qquad (\alpha > 0,\ \beta > 0) \end{aligned}$$

となり，2 項とも時間とともに減少する関数になる．このような式で表される運動を**過減衰** (overdamping, または過制動) という．

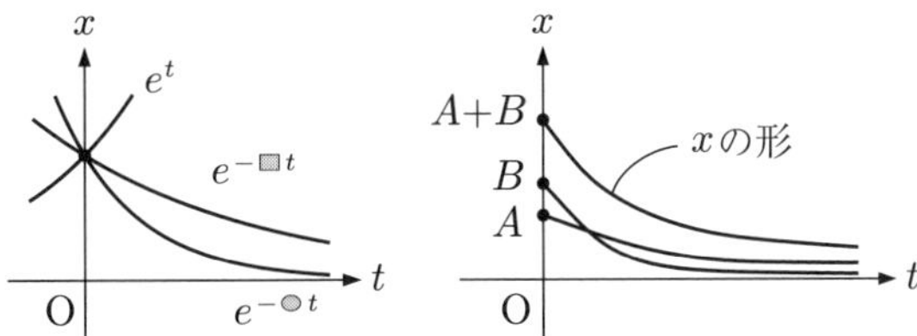

(2) $\rho^2 - \omega^2 < 0$ の場合

$\sqrt{\rho^2 - \omega^2}$ の中身が負になるので

$$\sqrt{\rho^2 - \omega^2} = \sqrt{-(\omega^2 - \rho^2)} = i\sqrt{\omega^2 - \rho^2}$$

と書き直すと，一般解は

$$x = e^{-\rho t}\left(Ae^{i\omega' t} + Be^{-i\omega' t}\right) \qquad (\omega' = \sqrt{\omega^2 - \rho^2})$$

*10 この式のことを特性方程式ということがある．ただし，特性方程式という用語は，他の場合でも使われるので，この式だけと思ってはいけない．

となる．括弧の中身は角振動数 ω' の単振動であり，最初の係数が時間とともに振幅が減少することを示す．この運動が**減衰振動** (damped oscillation) である．

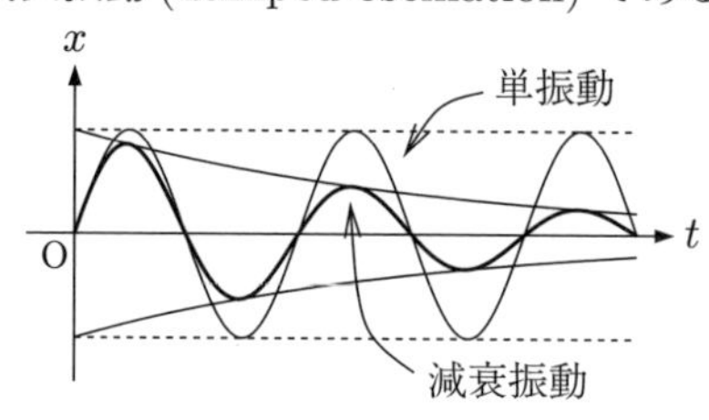

(3) $\rho^2 - \omega^2 = 0$ の場合

　2 次方程式の解が重解

$$-\rho \pm \sqrt{\rho^2 - \omega^2} \quad \longrightarrow \quad -\rho$$

になるので，2 つの特解が 1 つになってしまう．一般解を作るためには，特解が 2 つ必要なので，別の特解を見つけなければならない．

　$\rho^2 = \omega^2$ を使って，運動方程式を書き直す．

$$\frac{d^2x}{dt^2} + 2\rho\frac{dx}{dt} + \rho^2 x = 0$$

特解は $x = e^{at}$ ではない別な形で探さなければならないので，少し修正を加えて $x = e^{at}y(t)$ で試してみる．$y(t)$ は y 座標ではなくて，修正のために加えた何か別の関数の名前である．これを運動方程式に代入すると

$$\frac{d^2y}{dt^2} + 2\,(a+\rho)\,\frac{dy}{dt} + (a^2 + 2\rho a + \rho^2)\,y = 0$$

となる．この式を見ると $a = -\rho$ なら第 2, 3 項が消えることがわかる．(1), (2) の解を見ると，もともと $e^{-\rho t}$ という部分があったので，そうなるように $a = -\rho$ とおくのはもっともらしい感じがする．すると運動方程式は

$$\frac{d^2y}{dt^2} = 0$$

となるので，等速度運動と同じように一般解は

$$y = C_1 t + C_2 \qquad (4.7)$$

であることがわかる．結局

$$x = e^{-\rho t}\,(C_1 t + C_2)$$

という解が得られる．この解は特解を求めようとしたものであるが，式 (4.7) を得るときに，2 階微分方程式を解く過程が含まれている．すなわち C_1, C_2 は積分定数であるので，実際に得られたものは一般解になってしまったのである[*11]．この式で表される運動を**臨界減衰** (critical damping, ま

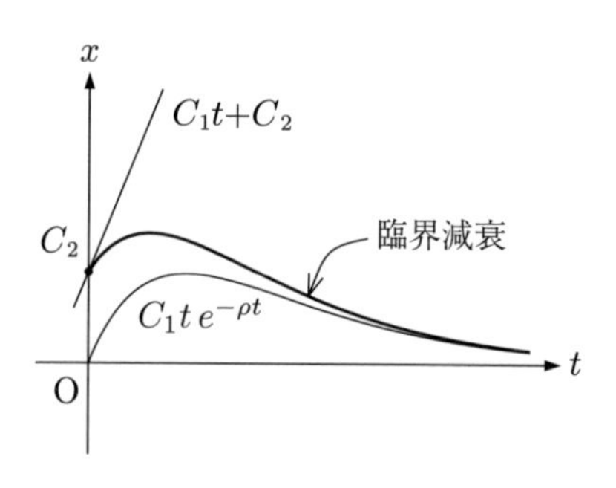

*11 最初の特解 $x = e^{-\rho t}$ に係数をつけて，この解と組み合わせようとしても意味がないことはすぐにわかるだろう．

たは臨界制動) といい，ρ, ω が減衰振動と過減衰のちょうど境界の値になったときに生じるものである．

例題 4.3 ばね定数 $2k$ のばねに球を吊し，液体の中で運動させる．液体中では比例係数 α の速度に比例する抵抗が働く．臨界減衰の運動をさせるには，球の質量はいくらにすればよいか．

解答 質量を m とおくと，運動方程式は

$$m\frac{d^2x}{dt^2} = -2kx - \alpha v_x$$

$$\frac{d^2x}{dt^2} + \frac{\alpha}{m}\frac{dx}{dt} + \frac{2k}{m}x = 0$$

となるので，$\dfrac{d^2x}{dt^2} + 2\rho\dfrac{dx}{dt} + \omega^2 x = 0$ の形にするには，

$$\rho = \frac{\alpha}{2m}, \quad \omega = \sqrt{\frac{2k}{m}}$$

とおけばよい．したがって，臨界減衰になるための質量は

$$\frac{\alpha}{2m} = \sqrt{\frac{2k}{m}} \quad \rightarrow \quad m = \frac{\alpha^2}{8k}$$

である．

4.4 強制振動

前節のばねの運動に，外力が加わったらどうなるかを扱うのが強制振動 (forced oscillation) である．加わる力は，ばねの力，抵抗の力，外力であるので，運動方程式は

$$m\frac{d^2x}{dt^2} = -kx - \gamma v_x + 外力$$

である．外力はいろいろ考えられるが，振動の場合には周期的な外力が加わったときに面白い現象が生じる．周期的な外力は

外力：$F\sin\omega t$

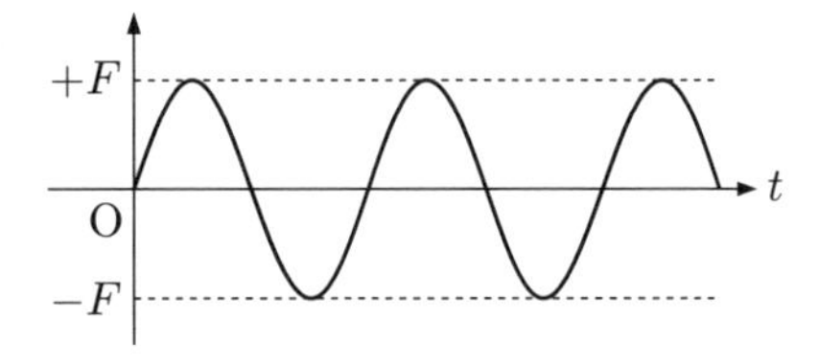

という形で表すことができる[*12]．F は外力の大きさ，ω は加わる外力の角振動数である．ω はばね本来の角振動数 $\sqrt{k/m}$ とは無関係であることに注意する．

運動方程式を解くために，外力以外の力をすべて左辺に移し，式を整理すると

$$m\frac{d^2x}{dt^2} + \gamma\frac{dx}{dt} + kx = F\sin\omega t$$

となる．減衰振動の場合と同様に

[*12] $\cos\omega t$ でもよい．同じ結果が得られる．

$$\frac{k}{m}=\omega_0^2,\quad \frac{\gamma}{m}=2\rho,\quad \frac{F}{m}=f$$

と置き換える．ただし，ω は外力の角振動数なので，ばねの角振動数 $\sqrt{k/m}$ に対しては別の記号 ω_0 を当てる．この ω_0 は**固有振動数** (eigenfrequency) と呼ばれる (本当は $\nu=\omega_0/2\pi$ が固有振動数である)．運動方程式は

$$\frac{d^2x}{dt^2}+2\rho\frac{dx}{dt}+{\omega_0}^2x=f\sin\omega t$$

となる．この式の左辺のように，各項に x が1つずつ入っている方程式を斉次方程式という (左辺 $=0$ が斉次方程式になる)．これに対して右辺には x が入っていない．こういう項が含まれている方程式 (この式全体) を非斉次方程式という．非斉次方程式については

(非斉次方程式の一般解) = (斉次方程式の一般解) + (非斉次方程式の特解)

であることが知られている．斉次の一般解とはいまの場合，左辺 $=0$ (外力がない場合) の一般解であるので，前節ですでに得た減衰振動などの3つの解そのものである．したがって，ここでの課題は上の方程式の特解を見つければよいということになる．

特解の候補であるが，これまでと同様に e^{at} で試してみると，すぐにうまくいかないことがわかる．右辺には e^{at} がないからである．右辺に $\sin\omega t$ があるので，これと同じような関数でなければ右辺と左辺が一致しなさそうに見える．そこで，単振動の一般解

$$x=A\sin(\omega t+\alpha)$$

を試してみる．A と α の値をうまくとることで特解にするのである．運動方程式に代入すると

$$-A\omega^2\sin(\omega t+\alpha)+2\rho A\omega\cos(\omega t+\alpha)+{\omega_0}^2A\sin(\omega t+\alpha)=f\sin\omega t$$

となる．ここで加法定理を使って $\sin(\omega t+\alpha)$, $\cos(\omega t+\alpha)$ を分解して整理すると

$$\begin{aligned}&\{A(-\omega^2+{\omega_0}^2)\cos\alpha-2\rho A\omega\sin\alpha\}\sin\omega t\\&+\{A(-\omega^2+{\omega_0}^2)\sin\alpha+2\rho A\omega\cos\alpha\}\cos\omega t=f\sin\omega t\end{aligned}\tag{4.8}$$

となる．$\sin\omega t$ と $\cos\omega t$ は異なる関数なので，任意の時間 t で両辺が一致するためにはそれぞれの係数が一致しなければならない．このことから連立方程式が得られ，それを解くと

$$\tan\alpha=\frac{2\rho\omega}{\omega^2-{\omega_0}^2}\tag{4.9}$$

$$A=\frac{f}{\sqrt{(\omega^2-{\omega_0}^2)^2+(2\rho\omega)^2}}\tag{4.10}$$

となる．つまり，α と A がこの右辺の値なら運動方程式を満たすということである[*13]．したがって，特解は

$$x=A\sin(\omega t+\alpha)\qquad(\text{ただし}\alpha\text{と }A\text{ は上記の値})$$

[*13] (4.8) 式を満たすためには，$\pi+2n\pi<\alpha<2\pi+2n\pi$ でないといけない．$\sin\alpha,\cos\alpha$ に戻って確認する必要がある．

である．

以上から，強制振動の方程式の一般解が得られる．

$$x = A\sin(\omega t + \alpha) + \begin{cases} e^{-\rho t}\left(A'e^{\sqrt{\rho^2-\omega_0{}^2}\,t} + B'e^{-\sqrt{\rho^2-\omega_0{}^2}\,t}\right) & (\rho > \omega_0\text{の場合}) \\ e^{-\rho t}\left(A'e^{i\sqrt{\omega_0{}^2-\rho^2}\,t} + B'e^{-i\sqrt{\omega_0{}^2-\rho^2}\,t}\right) & (\rho < \omega_0\text{の場合}) \\ e^{-\rho t}(C_1 t + C_2) & (\rho = \omega_0\text{の場合}) \end{cases}$$

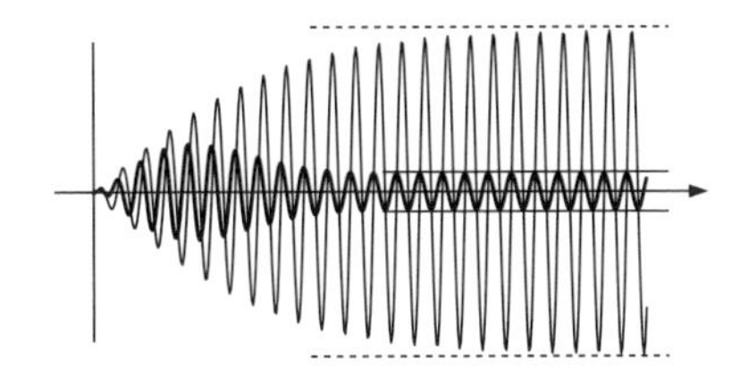

解の後半は減衰振動などの 3 つの解なので，時間がたつと大きさがゼロになっていく．これに対し，第 1 項は単振動の式なので，振幅は一定である．すなわち，強制振動の運動は時間がたつと単振動に近づいていく．A が最終的な振動の振幅の大きさを表し，α は外力の振動とばねの振動がどれだけずれて起こっているかを表す位相のずれである．α の値が変化しても運動はほとんど変わらないが，A の大きさの違いには意味がある．式 (4.10) の分母

$$\sqrt{(\omega^2 - \omega_0{}^2)^2 + (2\rho\omega)^2}$$

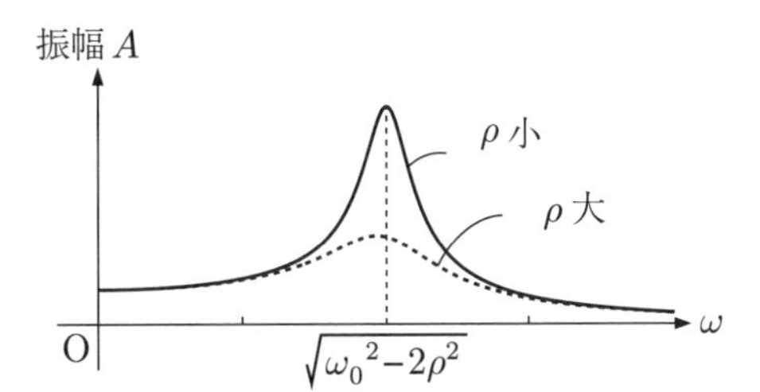

は $\omega = \sqrt{\omega_0{}^2 - 2\rho^2}$ で最小になるので，振動の振幅は最大になる．この現象を**共振** (resonance) または**共鳴**という．共振しているとき，振幅は $A = f/\sqrt{4\rho^2(\omega_0{}^2 - \rho^2)}$ となるので，もしも抵抗 ρ が小さければ，それに逆比例して振幅 A は大きくなる[*14]．

4.5　その他の振動

この節では，ばね以外の振動に類する運動，その他振動に関連したいろいろな事柄について説明する．

単振り子

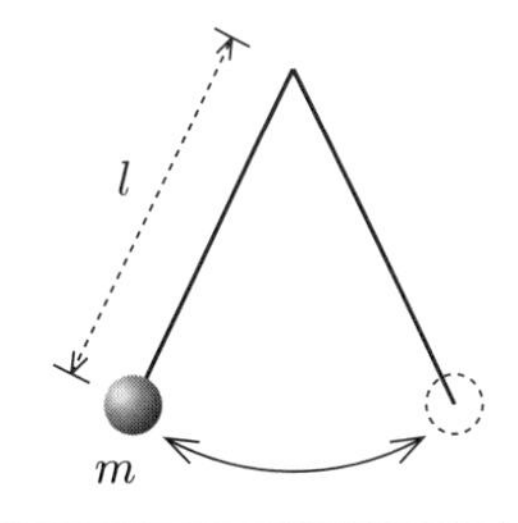

単振り子 (simple pendulum) の運動は振動に最もよく似ており，しばしば単振動の例としても扱われる．しかし，厳密には単振り子の運動は単振動ではない．以下で，この単振り子の運動について説明する．

[*14] このため，機械や建築物などに振動を起こすような外力が加わったとき，共振によって破壊されることもありうる．自然界にはどのような振動数の波も存在するので，ものの固有振動数 ω_0 に等しい振動数の外力が加わることが必ずある．技術者になる学生諸君には，そういう外力に対しても共振で破壊されないように配慮することを心がけてほしいと思う．

まず，運動方程式を作ろう．長さ l の糸に質量 m のおもりのついた振り子を考える．糸は伸びないとすると，おもりの運動は半径 l の円周上の運動になり，角度 θ の変化だけで表される．たとえば，おもりの速さ v は角度 θ と

$$v = l\frac{d\theta}{dt}$$

という関係になる[*15]．おもりを振らせる力は重力だけである．なぜなら糸の張力は常に中心(糸の固定点)を向いており，回転方向に垂直なので，回転運動にはまったく効果を及ぼさない．振り子の角度が θ (振り子の場合は鉛直線から角度を測る)のとき，重力のうちの角度方向の成分は

$$F = -mg\sin\theta$$

である．マイナス符号がついているのは，角度 θ が正のときに力の向きが θ の負の方向に向くからである．したがって，運動方程式は

$$m\frac{dv}{dt} = ml\frac{d^2\theta}{dt^2} = -mg\sin\theta$$

である．式を整理すると

$$\frac{d^2\theta}{dt^2} = -\frac{g}{l}\sin\theta$$

となる．これが単振り子の運動方程式であるが，単振動の運動方程式

$$\frac{d^2x}{dt^2} = -\frac{k}{m}x$$

と比較すると，右辺の力が θ でなく，$\sin\theta$ になっているという違いがある．通常は，運動方程式が異なれば生じる運動も異なるので，単振り子の運動は単振動ではないということになる．単振動と見なすことができるのは，角度 θ が小さく $\sin\theta \simeq \theta$ という近似ができる場合で，そのとき運動方程式が

$$\frac{d^2\theta}{dt^2} \simeq -\frac{g}{l}\theta$$

という単振動の式になるからである．この場合の単振り子の角振動数は，運動方程式から

$$\omega = \sqrt{\frac{g}{l}}$$

であることが直ちにわかる．

リサジュー図形

等速円運動をしている物体の位置を表す式

$$x = r\cos\omega t$$

[*15] 詳しくは次節の極座標を参照．

$$y = r \sin \omega t$$

と，単振動の一般解

$$x = A \sin (\omega t + \alpha)$$

が，似た式で表されることにもう気がついていると思う．理由は簡単で，円運動とは x 軸方向の単振動と y 軸方向の単振動を合成したものだからである．

x 軸方向，y 軸方向それぞれに別の単振動が生じているとすると，その運動は

$$x = A \sin (\omega t + \alpha)$$

$$y = B \sin (\omega' t + \beta)$$

と表すことができる．これを振動の合成という．$A, B, \omega, \omega', \alpha, \beta$ は一般には異なった定数でよく，合成した運動はこれらの値によっていろいろな振る舞いを示す．たとえば

$$A = r,\ B = r,\ \omega = \omega',\ \alpha = 0,\ \beta = \frac{\pi}{2}$$

と置くと

$$x = r \sin (\omega t)$$

$$y = r \sin \left(\omega t + \frac{\pi}{2}\right) = r \cos (\omega t)$$

となり，等速円運動が再現できる．

合成した 2 次元の運動をグラフにしたものがリサジュー図形 (Lissajous figures) である．定数の値を変えるといろいろな図形が描かれる．以下では簡単のために $A = 1,\ B = 1,\ \alpha = 0$ とする．

例 1　$\omega' = \omega$ で β を変える．

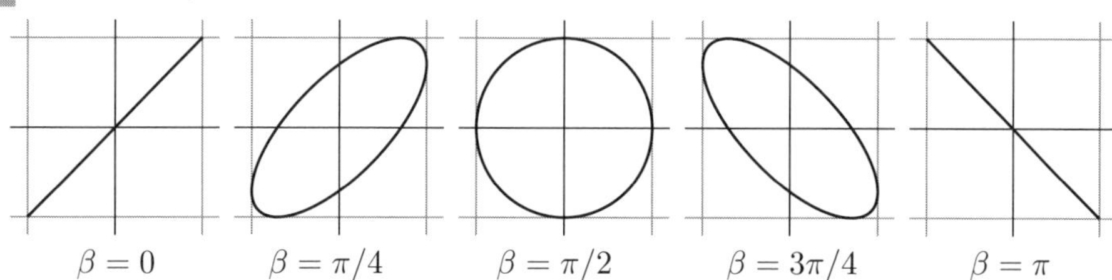

例 2　$\omega' = 2\omega$ で β を変える．

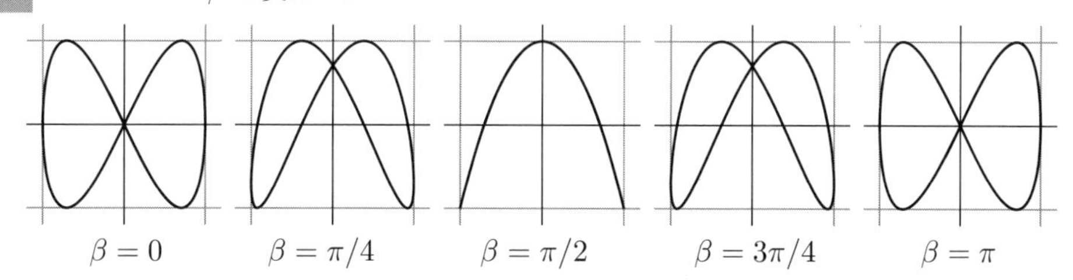

例3　$\beta = \pi/2$ で ω' を変える．

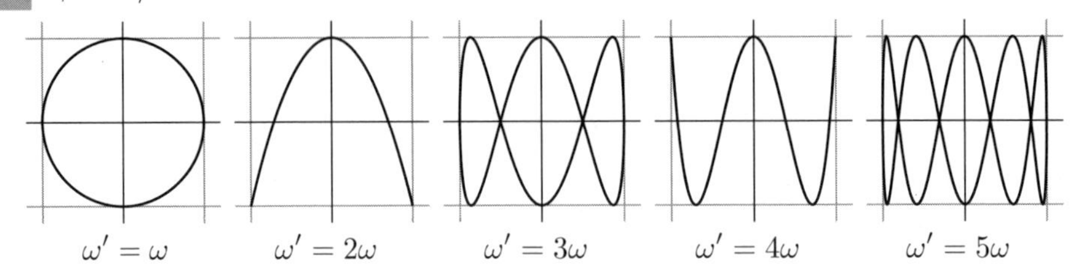

4.6　極座標

単振り子の運動方程式を導くためには，x, y 座標ではなく，r, θ を使って運動方程式を書かなければならない．他にも，円運動や惑星のように楕円を描く運動などを扱おうとすると，x, y 座標で表した運動方程式では解くことが難しくなる．この節では，r, θ を使った運動方程式について説明する．

x, y 軸のように直交する直線を座標軸として，その値で物体の位置を表すことを**直交座標**表示 (orthogonal coordinates) という．一方，同じ物体の位置を，原点からの距離 r と x 軸から計った角度 θ を使っても表すことができる．このような表現を**極座標**表示 (polar coordinates) という．極座標で表したとき，原点からその点へ結んだ方向を動径 (radial) 方向，それと垂直で角度 θ が増える方向を角度 (angular) 方向という．

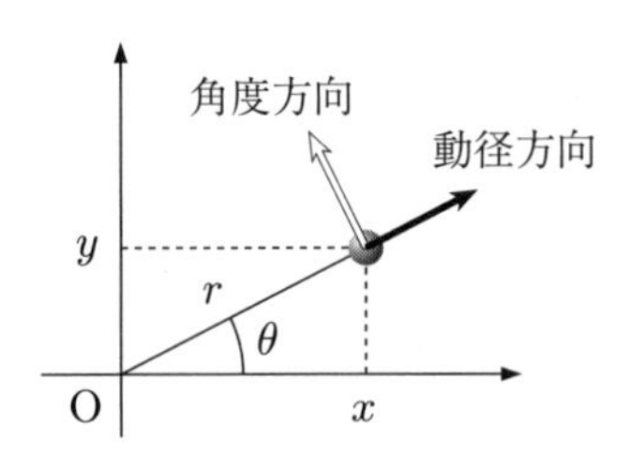

2 次元の場合

平面上の運動を扱うときは，物体の位置は x, y 座標の 2 成分で表すことができる．この場合は 2 次元直交座標，r, θ で表した場合は 2 次元極座標と呼ぶ．x, y と r, θ の関係は図から明らかなように

$$\begin{cases} x = r\cos\theta \\ y = r\sin\theta \end{cases} \qquad \begin{cases} r = \sqrt{x^2 + y^2} \\ \tan\theta = \dfrac{y}{x} \end{cases} \tag{4.11}$$

であるので，物体の位置はこの関係式でそのまま書き直すことができる．

一方，速度や加速度などのベクトルについては，その中に含まれる変数 x, y を単純に書き直すだけではすまない．x, y 軸に対して，動径 r, 角度 θ の軸の向きが傾いているので，ベクトルの x, y 成分を r, θ 成分に移し変えなければならない．つまり，あるベクトル $\boldsymbol{v}$ が直交座標では (v_x, v_y) と書けるとき，それを極座標で見た (v_r, v_θ) という成分に移す，ということである[*16]．

[*16] 位置もベクトルなのにどうしてやり方が違うのか，という疑問もあるかもしれない．やる利点がないのでやら

たとえば，軸の向きが図のような関係にあるとしよう．ベクトル $\boldsymbol{v}$ の x 成分 v_x を，r 方向成分と θ 方向成分に分けると

$$r\ 方向成分 : v_x \cos\theta$$

$$\theta\ 方向成分 : -v_x \sin\theta$$

となる．同じように v_y も分解すると

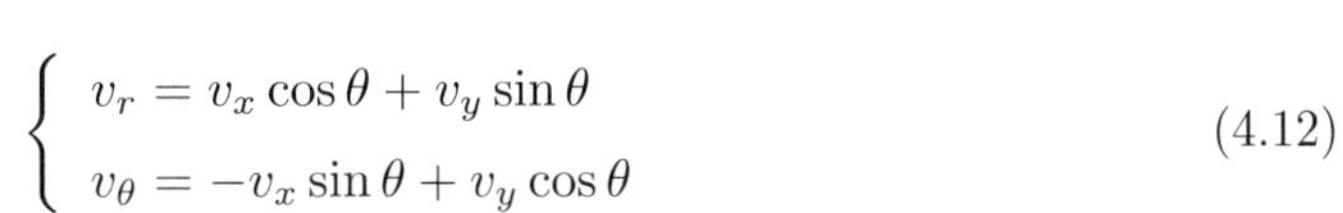

$$\begin{cases} v_r = v_x \cos\theta + v_y \sin\theta \\ v_\theta = -v_x \sin\theta + v_y \cos\theta \end{cases} \tag{4.12}$$

という関係式が得られる[*17]．

では，速度と加速度を極座標に書き直してみよう．速度の x 成分 v_x を式 (4.11) で書き直すと

$$\begin{aligned} v_x &= \frac{dx}{dt} \\ &= \frac{dr}{dt}\cos\theta - r\sin\theta\left(\frac{d\theta}{dt}\right) \end{aligned}$$

である．ここでは式を見やすくするために，1.1 節で紹介したドット記号

$$\frac{dr}{dt} = \dot{r}, \quad \frac{d\theta}{dt} = \dot{\theta}, \quad \frac{d^2r}{dt^2} = \ddot{r}, \quad \frac{d^2\theta}{dt^2} = \ddot{\theta}$$

を使う．v_y も同様に計算すると

$$v_x = \dot{r}\cos\theta - r\sin\theta \cdot \dot{\theta}$$

$$v_y = \dot{r}\sin\theta + r\cos\theta \cdot \dot{\theta}$$

この式を式 (4.12) に代入すると

$$v_r = \dot{r}\ , \qquad v_\theta = r\dot{\theta}$$

が得られる．これが極座標で表した速度ベクトルである．

加速度も同様に計算して

$$\begin{aligned} a_x &= \frac{dv_x}{dt} \\ &= \ddot{r}\cos\theta - 2\dot{r}\sin\theta \cdot \dot{\theta} - r\cos\theta \cdot \dot{\theta}^2 - r\sin\theta \cdot \ddot{\theta} \\ a_y &= \ddot{r}\sin\theta + 2\dot{r}\cos\theta \cdot \dot{\theta} - r\sin\theta \cdot \dot{\theta}^2 + r\cos\theta \cdot \ddot{\theta} \end{aligned}$$

式 (4.12) に代入すると

$$a_r = \ddot{r} - r\dot{\theta}^2\ , \qquad a_\theta = 2\dot{r}\dot{\theta} + r\ddot{\theta}$$

ないだけである．実際に，位置ベクトル (x, y) を同じやり方で極座標成分に移し変えると，$(r, 0)$ となる．やってみるとよい．

[*17] 1ヶ所だけ − がついているのは，こういう図を描いたからで，違う角度で描くと別の式になるような気がするかもしれないが，それは間違いである．この式はどのようなベクトルでも，どのような角度 θ でも正しい．この形の組み合わせは，回転行列として知られている．

となる．もとの微分記号に戻すと

$$a_r = \frac{d^2r}{dt^2} - r\left(\frac{d\theta}{dt}\right)^2$$

$$a_\theta = 2\left(\frac{dr}{dt}\right)\left(\frac{d\theta}{dt}\right) + r\left(\frac{d^2\theta}{dt^2}\right)$$

である．

さて，単振り子の運動方程式であるが，θ 方向成分を抜き出すと

$$m\left\{2\left(\frac{dr}{dt}\right)\left(\frac{d\theta}{dt}\right) + r\left(\frac{d^2\theta}{dt^2}\right)\right\} = -mg\sin\theta$$

となる．しかし，振り子の糸の長さが l で伸び縮みしないとすると

$$r = l, \quad \frac{dr}{dt} = 0$$

となり，前節で求めた単振り子の運動方程式と同じ式

$$ml\left(\frac{d^2\theta}{dt^2}\right) = -mg\sin\theta$$

が導かれる．

3 次元の場合

空間上の位置は x, y, z の 3 成分で表さなければならない．直交座標であれば 3 次元直交座標，極座標であれば 3 次元極座標となる．3 次元極座標は，動径 r, z 軸からの角度 θ, x 軸からの角度 ϕ で表す．ただし，ϕ は x, y 平面上での角度，つまり物体の位置 (x, y, z) のうち，x, y 座標だけについて見たときの角度である．

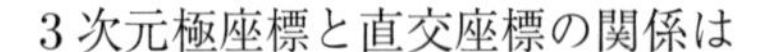

3 次元極座標と直交座標の関係は

$$\begin{cases} x = r\sin\theta\cos\phi \\ y = r\sin\theta\sin\phi \\ z = r\cos\theta \end{cases} \qquad \begin{cases} r = \sqrt{x^2+y^2+z^2} \\ \tan\theta = \dfrac{\sqrt{x^2+y^2}}{z} \\ \tan\phi = \dfrac{y}{x} \end{cases} \tag{4.13}$$

である．ベクトルの成分を移し変える式は

$$v_r = v_x\sin\theta\cos\phi + v_y\sin\theta\sin\phi + v_z\cos\theta$$

$$v_\theta = v_x\cos\theta\cos\phi + v_y\cos\theta\sin\phi - v_z\sin\theta$$

$$v_\phi = -v_x\sin\phi + v_y\cos\phi$$

となる．2 次元と同様に，以上の 2 つの式から速度，加速度を単純な計算 (ただし面倒) で求めることができるが，この講義では扱わないので省略する．

◆練習問題 4◆

特に指定がない場合は，物体や質点の質量は m とする．また必要に応じて，重力加速度の大きさ g を用いてよい．

1. 次の微分方程式を解け．

(1) $\dfrac{dx}{dt} = a\sin\omega t$　(2) $\dfrac{dx}{dt} = \sqrt{a-bt}$　(3) $\dfrac{dx}{dt} = \dfrac{1}{\sqrt{a-bt}}$

(4) $\dfrac{dx}{dt} = \dfrac{t}{\sqrt{a-bt^2}}$　(5) $\dfrac{dx}{dt} = \dfrac{1}{\sqrt{a-bt^2}}$

(6) $\dfrac{dx}{dt} = \sqrt{a-bx}$　(7) $\dfrac{dx}{dt} = \sqrt{a-bx^2}$

2. 単振動の一般解を $x = C_1 \sin(\omega t + C_2)$ と書いたとき，以下の初期条件について解を求めよ．

(1) 時刻 $t=0$ で $x=a,\ v_x=0$

(2) 時刻 $t=0$ で $x=0,\ v_x=-b$

(3) 時刻 $t=0$ で $x=a,\ v_x=a\omega$

3. 単振動の一般解を $x = Ae^{i\omega t} + Be^{-i\omega t}$ と書いたとき，問 2 (1)-(3) の初期条件について解を求め，問 2 の答と一致することを確かめよ．

4. 断面積 S，質量 m の棒を密度 ρ の液体に浮かべ，垂直を保ったまま上下に振動させると単振動になる (第 2 章練習問題 11)．この振動の角振動数を書け．ただし，液体による抵抗はないものとする．

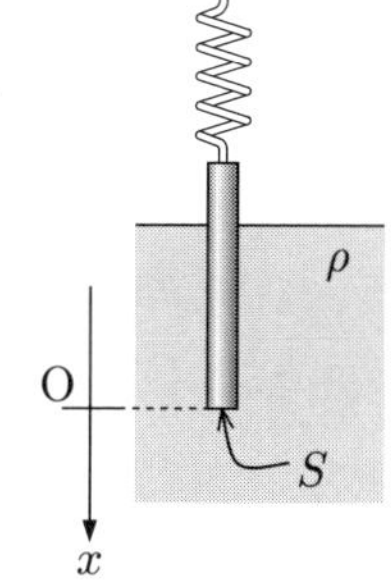

5. 前問の棒をばね定数 k のばねにつける (第 2 章練習問題 18)．前問と同様に振動させたときの角振動数を書け．ただし，液体による抵抗はないものとする．

6. ばね定数 k のばね 2 本を横に並べて，質量 m の 1 つの物体を吊るして単振動させる．この振動の角振動数を書け．

7. パリにあるフーコーの振り子は，長さは 67 m，おもりは 28 kg だそうである．振り子の振れは小さいとして，重力加速度の大きさを $10\,\mathrm{m/s^2}$ とすると，周期は何秒になるか．

8. 微分方程式 $a\dfrac{d^2x}{dt^2} + b\dfrac{dx}{dt} + cx = 0$ の一般解を求めよ．ただし，$b^2 - 4ac < 0$ とする．

9. ばね定数 k のばねにつけたおもりが，抵抗係数が $\sqrt{4mk}$ の，速度に比例する抵抗を受けながら運動する．以下の初期条件について，おもりの位置 x を t の関数として表せ．ただし，つりあいの位置を原点とし，一般解は本文中にあるものを利用してよい．

(1) 時刻 $t=0$ で $x=a,\ v_x=0$

(2) 時刻 $t=0$ で $x=0,\ v_x=v_0$

10. ばね定数 20 N/m のばねに質量 200 g のおもりを吊るしたときの単振動の周期を計算せ

よ．また，このおもりを液体の中で運動させたとき，その運動は臨界減衰になった．このときの抵抗係数を計算せよ．

11. 単振り子の運動方程式 $m\dfrac{dv}{dt} = -mg\sin\theta$ は，1 回だけは簡単に積分できる．積分の結果得られる式は，エネルギーの関係式 $\dfrac{1}{2}mv^2 = mgl\cos\theta + C$ であることを示せ．ただし，$v = l\dfrac{d\theta}{dt}$ である．

12. $x = \cos 2\theta,\ y = \sin 3\theta$ で表されるリサジュー図形を描け．

◇◈答◈◇

1. (1) $x = -\dfrac{a}{\omega}\cos\omega t + C$　(2) $x = -\dfrac{2}{3b}(a - bt)^{3/2} + C$

(3) $x = -\dfrac{2}{b}\sqrt{a - bt} + C$　(4) $x = -\dfrac{1}{b}\sqrt{a - bt^2} + C$

(5) $t = \sqrt{\dfrac{a}{b}}\sin(\sqrt{b}x - C)$ (または $x = \dfrac{1}{\sqrt{b}}\arcsin\sqrt{\dfrac{b}{a}}\,t + C$)

(6) $x = \dfrac{a}{b} - \dfrac{b}{4}(t + C)^2$　(7) $x = \sqrt{\dfrac{a}{b}}\sin\sqrt{b}(t + C)$

2. (1) $x = a\cos\omega t$　(2) $x = -\dfrac{b}{\omega}\sin\omega t$　(3) $x = \sqrt{2}a\sin\left(\omega t + \dfrac{\pi}{4}\right)$

3. (1) $x = \dfrac{a}{2}(e^{i\omega t} + e^{-i\omega t})$　(2) $x = -\dfrac{b}{2i\omega}(e^{i\omega t} - e^{-i\omega t})$

(3) $x = \dfrac{a}{2}\left\{(1 - i)e^{i\omega t} + (1 + i)e^{-i\omega t}\right\}$

(オイラーの公式を使うと問 2 の答と同じになる)

4. $\sqrt{\dfrac{\rho Sg}{m}}$

5. $\sqrt{\dfrac{k + \rho Sg}{m}}$

6. $\sqrt{\dfrac{2k}{m}}$

7. 16 s

8. $x = (Ae^{\alpha_1 t} + Be^{\alpha_2 t})$ ただし $\alpha_1 = \dfrac{-b + i\sqrt{4ac - b^2}}{2a}$, $\alpha_2 = \dfrac{-b - i\sqrt{4ac - b^2}}{2a}$

9. (1) $x = ae^{-\sqrt{k/m}\,t}\left(\sqrt{k/m}\,t + 1\right)$

(2) $x = e^{-\sqrt{k/m}\,t}\,v_0 t$

10. 0.63 s　4.0 N·s/m

11. 省略

12. 右図

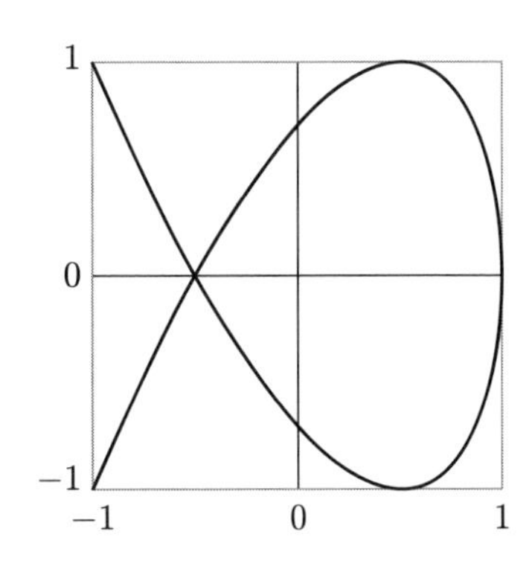

5
保存則

保存則は現代の物理学では重要な役割を果たしている．この章では，エネルギー，運動量，角運動量の保存則，およびそれらに関連する事柄について解説する．

5.1　仕事とエネルギー

前章で行った，ばねの運動方程式

$$m\frac{d^2x}{dt^2} = -kx$$

を積分で解く過程で，

$$\frac{1}{2}m{v_x}^2 + \frac{1}{2}kx^2 = C \qquad (C\text{ は積分定数})$$

という式を得た．この積分定数 C にはエネルギー (energy) という意味がある．それは左辺の各項の次元 (単位でもよい) を考えてみれば明らかである．物理をある程度学んだものであれば，第 1 項が運動エネルギー (kinetic energy)，第 2 項がばねの弾性力による位置エネルギー (potential energy) であることは知っているだろう．運動エネルギーと位置エネルギーの和である右辺の C は，力学的エネルギー (mechanical energy) という意味をもつことになる．

もちろん，これは偶然ではない．重力を受けて落下する物体の運動に対して同じ方法を適用すると，運動方程式

$$m\frac{d^2y}{dt^2} = -mg$$

から

$$\frac{1}{2}m{v_y}^2 + mgy = C \qquad (C\text{ は積分定数})$$

が得られる．第 1 項が運動エネルギー，第 2 項が重力による位置エネルギー (多くの場合 mgh と書かれる量) であり，その和が右辺の C であるので，C は力学的エネルギーとなる．

この式には別のもっと重要な意味がある．それは「力学的エネルギーが定数である」ということである．定数なので，時間がたっても変化することはない．**エネルギー保存則** (conservation of energy) という言葉をどこかで聞いたことがあると思う．運動方程式を変形していくと，エネルギーが定数として現れる，これがエネルギー保存則の正体である*1．

*1 ここで示したのは力学的エネルギーが定数になることだけであるが，現在では，熱エネルギーなどすべてのエネルギーの総和は常に一定である (つまり定数) と考えられている．

例題 5.1 運動方程式 $m\dfrac{d^2y}{dt^2} = -mg$ からエネルギー保存則を表す式を導け．

解答 運動方程式の両辺に v_y を掛けて積分する．

$$
\begin{aligned}
mv_y\frac{d^2y}{dt^2} &= -mgv_y \\
mv_y\frac{dv_y}{dt} &= -mg\frac{dy}{dt} \\
m\int v_y\,dv_y &= -\int mg\,dy \\
m\cdot\frac{1}{2}{v_y}^2 &= -mgy + C \\
\therefore\quad \frac{1}{2}m{v_y}^2 + mgy &= C
\end{aligned}
$$

以下では，このことを運動方程式のもとの形に立ち返って，詳しく見てみよう．第 4 章の手順では，運動方程式の x 成分

$$m\frac{dv_x}{dt} = F_x$$

に対して速度の x 成分 v_x を掛けて積分したのであった．すなわち

$$
\begin{aligned}
mv_x\frac{dv_x}{dt} &= F_xv_x = F_x\frac{dx}{dt} \\
m\int v_x\,dv_x &= \int F_x\,dx \\
\frac{1}{2}m{v_x}^2 &= \int F_x\,dx
\end{aligned}
$$

である．ではベクトルの形の運動方程式

$$m\frac{d\boldsymbol{v}}{dt} = \boldsymbol{F}$$

に対して「速度を掛ける」という計算はどうすればよいのか．

ベクトルの積は，内積，外積の 2 通りの可能性があるが，ここでは内積を用いる．なぜかはこの後の結果を見ればすぐにわかる．$\boldsymbol{v}$ と内積をとると

$$m\boldsymbol{v}\cdot\frac{d\boldsymbol{v}}{dt} = \boldsymbol{F}\cdot\boldsymbol{v} = \boldsymbol{F}\cdot\frac{d\boldsymbol{r}}{dt}$$

ベクトルの成分を全部書くと

$$m\left(v_x\frac{dv_x}{dt} + v_y\frac{dv_y}{dt} + v_z\frac{dv_z}{dt}\right) = F_x\frac{dx}{dt} + F_y\frac{dy}{dt} + F_z\frac{dz}{dt}$$

である．積分の形にするために dt をとるという操作をするが，細かく見ると，変数 t での積分形を書いた上で，t での積分から他の変数への変数変換を行うという意味である．すなわち，

たとえば左辺では t から v_x, v_y, v_z という3つの変数への変換を行うことになる．

$$\begin{aligned}
\int m\boldsymbol{v}\cdot\frac{d\boldsymbol{v}}{dt}\,dt &= \int m\left(v_x\frac{dv_x}{dt}+v_y\frac{dv_y}{dt}+v_z\frac{dv_z}{dt}\right)dt \\
&= m\int v_x\,dv_x + m\int v_y\,dv_y + m\int v_z\,dv_z \qquad \left(=\int m\boldsymbol{v}\cdot d\boldsymbol{v}\right) \\
&= m\left(\frac{1}{2}{v_x}^2+\frac{1}{2}{v_y}^2+\frac{1}{2}{v_z}^2\right) \\
&= \frac{1}{2}m\boldsymbol{v}\cdot\boldsymbol{v}
\end{aligned}$$

最後の式は速さの2乗なので，まさに運動エネルギーの意味になる (積分定数はとりあえず無視しておく)．内積をとった理由は，このように正しい運動エネルギーの式を得るためである．

右辺も同様に

$$\begin{aligned}
\int \boldsymbol{F}\cdot\boldsymbol{v}\,dt &= \int \boldsymbol{F}\cdot\frac{d\boldsymbol{r}}{dt}\,dt \\
&= \int (F_x\,dx+F_y\,dy+F_z\,dz) \qquad \left(=\int \boldsymbol{F}\cdot d\boldsymbol{r}\right)
\end{aligned}$$

となる．

力 $\boldsymbol{F}$ の具体的な式がなければこれ以上は計算できないが，具体的な式があっても計算できるとは限らない．たとえば $F_x = y$ とすると積分は $\int y\,dx$ となり，変数が異なるので積分はできなくなる．できるのは，物体がどう動くかわかっている場合である．そのときは物体の位置は $x = x(t)$, $y = y(t)$ と時間 t で表されるので，x と y の間に時間 t を経由して関係式 $y = f(x)$ を作ることができる．すると，

$$\int y\,dx = \int f(x)\,dx$$

という，実際に積分できる式が得られる．つまり，

$$\int \boldsymbol{F}\cdot d\boldsymbol{r} = \int (F_x\,dx+F_y\,dy+F_z\,dz)$$

を求めるには，物体がどう動くかという経路を知る必要がある．このように物体の動く経路の情報を使って行う積分を**線積分** (line integral) といい

$$\int_{\mathrm{C}} \boldsymbol{F}\cdot d\boldsymbol{r}$$

と書く．C は経路につけた名前であって，積分路と呼ぶ．積分定数とは関係のない別のものである[*2]．

では，ばねの運動や重力を受けた運動では，なぜこういう計算が不要だったのか．それは，ばねの力や重力が，物体の通る経路を知らなくても計算できてしまうという性質をもっていたからである．これについては次節の保存力のところで説明する．

[*2] C は contour の C である．線積分は contour integral ともいう．

仕事

さて，$\int_C \boldsymbol{F}\cdot d\boldsymbol{r}$ とは何か．それは簡単な例を考えることで理解できる．たとえば，力が x 軸の向きで大きさが一定，すなわち $\boldsymbol{F}=(F_0,0,0)$ (F_0 は定数) であるとして，積分を $x=0$ から $x=l$ まで行うとしよう．そうすると

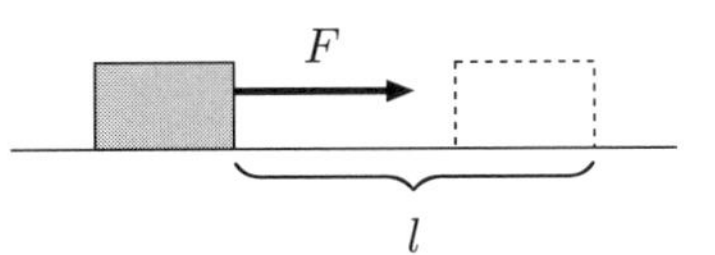

$$\int_C \boldsymbol{F}\cdot d\boldsymbol{r} = \int_0^l F_0\,dx = F_0 l$$

となる．$F_0 l$ は，物体を一定の力 F_0 で力の方向に距離 l だけ動かしたときの**仕事**[*3](work) である．すなわち，$\int_C \boldsymbol{F}\cdot d\boldsymbol{r}$ は仕事を積分を使って計算する式ということになる．

また，積分の中身が $\boldsymbol{F}\cdot d\boldsymbol{r}$ という内積になっているのは以下のように考えることができる．力 $\boldsymbol{F}$ の向きが x 軸と角度 θ だけずれている場合には，物体を動かすのに寄与するのは力のうち移動方向の成分 $F_0\cos\theta$ である．この力で距離 l だけ移動させると，仕事は $F_0 l\cos\theta$ になる．これは，物体を動かした変位を表す

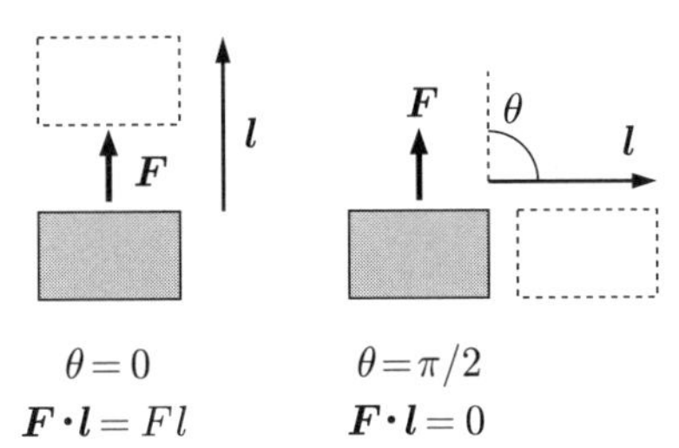

おまけの話

積分 $\int_C \boldsymbol{F}\cdot d\boldsymbol{r}$ は，$\boldsymbol{F}\cdot d\boldsymbol{r}$ という量を積分路 C に沿って集めるという意味である．たとえば，物体の通る経路が $d\boldsymbol{r}_0,\ d\boldsymbol{r}_1,\ d\boldsymbol{r}_2,\ \cdots,\ d\boldsymbol{r}_N$ という短い折れ線で結ばれているとしよう．微小距離 $d\boldsymbol{r}_0$ 上での力が $\boldsymbol{F}_0$ で一定なら，その力で物体を $d\boldsymbol{r}_0$ だけ移動させると，その仕事は $\boldsymbol{F}_0\cdot d\boldsymbol{r}_0$ である．$d\boldsymbol{r}_1,\ d\boldsymbol{r}_2$ に対しても同様に考え (力は各微小距離ごとに異なる)，経路全体で和をとったものが仕事の総量であり，それは積分の定義式そのものである．

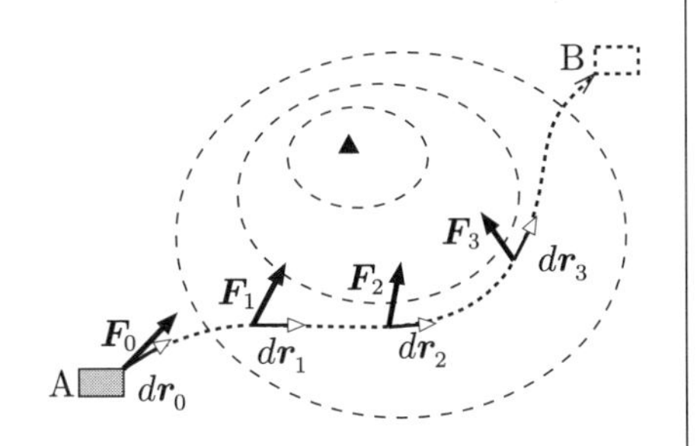

$$\boldsymbol{F}_0\cdot d\boldsymbol{r}_0 + \boldsymbol{F}_1\cdot d\boldsymbol{r}_1 + \boldsymbol{F}_2\cdot d\boldsymbol{r}_2 + \cdots + \boldsymbol{F}_N\cdot d\boldsymbol{r}_N = \int_C \boldsymbol{F}\cdot d\boldsymbol{r}$$

物理的なイメージとしては，起伏のある地面に線が引いてあって，その線に沿うように物体を移動させることを思い浮かべるとよい．斜面上にある物体を，線から外れないように動かそうとすると，滑り落ちないように，斜面の上向きに力を加えなければならない．また下り坂では加える力は小さくてもよい．このように，場所ごとに力の向きや大きさが変化するときの仕事は，積分でなければ求められない．

---

*3 仕事とエネルギーは同じものである．なぜなら，等式の左辺は運動エネルギーになるので，右辺も同じ次元をもつ量，エネルギーでなければならないからである．実際に運動エネルギーと仕事の単位を計算してみると，どちらも kg·m^2/s^2 になる．次元は ML^2T^{-2} である．

ベクトル $\boldsymbol{l}=(l,0,0)$ と，力 $\boldsymbol{F}=(F_0\cos\theta, F_0\sin\theta, 0)$ の内積 $\boldsymbol{F}\cdot\boldsymbol{l}$ に等しい．つまり，ベクトルで表すときには，内積が正しい仕事の大きさを与える*4．これが，積分の中身が $\boldsymbol{F}\cdot d\boldsymbol{r}$ という内積になっている理由である．

仕事を求める線積分の例 1

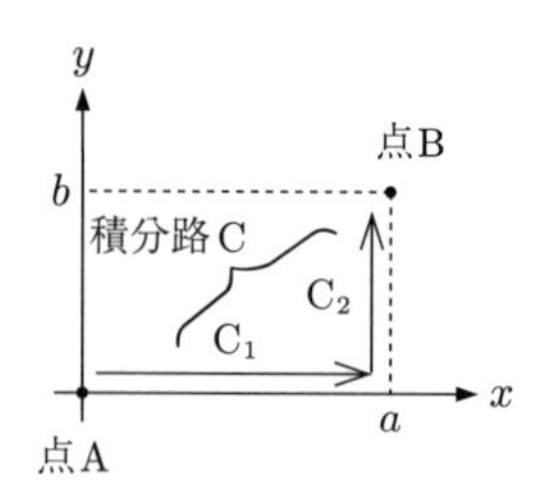

具体例で線積分の計算と性質を理解しよう．$\boldsymbol{F}=\beta(y,-x,0)$ として，原点から点 (a,b) までの線積分を考える (β は次元を合わせるための係数．特別な意味はない)．積分路は図のようにまず x 軸に沿って点 $(a,0)$ まで行き，そこから y 軸と平行に進むとする．全体の積分路 C は，前半 $\mathrm{C_1}$ と後半 $\mathrm{C_2}$ に分けられる．

$$\int_{\mathrm{C}} \boldsymbol{F}\cdot d\boldsymbol{r} = \int_{\mathrm{C_1}} \boldsymbol{F}\cdot d\boldsymbol{r} + \int_{\mathrm{C_2}} \boldsymbol{F}\cdot d\boldsymbol{r}$$

$\mathrm{C_1}$ での積分は x 軸に沿った方向なので，x 積分だけが残る (y 方向は積分範囲がゼロ)．$\mathrm{C_2}$ では同じように y 積分だけになる．

$$\begin{aligned}\int_{\mathrm{C}} \boldsymbol{F}\cdot d\boldsymbol{r} &= \int_{\mathrm{C_1}} (F_x\,dx + F_y\,dy) + \int_{\mathrm{C_2}} (F_x\,dx + F_y\,dy)\\ &= \int_{\mathrm{C_1}} F_x\,dx + \int_{\mathrm{C_2}} F_y\,dy\\ &= \int_{\mathrm{C_1}} \beta y\,dx + \int_{\mathrm{C_2}} (-\beta x)\,dy\end{aligned}$$

前にも書いたように y を x で積分したり，x を y で積分したりすることはできない．しかし，この場合は積分路 $\mathrm{C_1}$ 上では $y=0$，$\mathrm{C_2}$ 上では $x=a$ というようにどちらも一定値になっているので，直接その値に置き換えることができる．したがって

$$\begin{aligned}\int_{\mathrm{C}} \boldsymbol{F}\cdot d\boldsymbol{r} &= \int_{\mathrm{C_1}} 0\,dx + \int_{\mathrm{C_2}} (-\beta a)\,dy\\ &= 0 + \int_0^b (-\beta a)\,dy\\ &= -\beta ab\end{aligned}$$

が得られる．

仕事を求める線積分の例 2

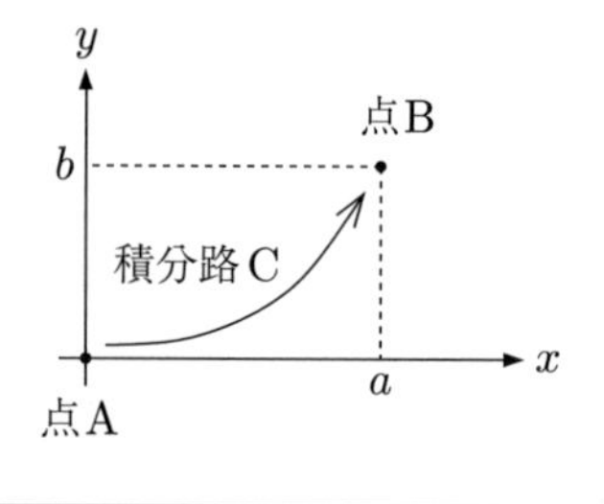

例 1 と同じ $\boldsymbol{F}=\beta(y,-x,0)$ に対して，異なる積分路 (両端は同じ点) の線積分を考えてみよう．ここでは 2 次曲線 $y=b\left(\dfrac{x}{a}\right)^2$

*4 たとえば，荷物を持ち上げるという仕事をするときに，力は上向きであるが，移動した方向が水平方向 (力と垂直) であれば，上向きにはまったく移動していない．このときの仕事はゼロとするのが当然と思われるだろう．内積はそのようになっている．

に沿った線積分を計算する[*5].

$$\int_{\mathrm{C}} \boldsymbol{F} \cdot d\boldsymbol{r} = \int_{\mathrm{C}} (F_x\,dx + F_y\,dy) = \beta \int_{\mathrm{C}} (y\,dx - x\,dy)$$

今度は x や y の値が決まっていないので，単純に数値を入れることはできないが，積分路 C 上では関係式 $y = b(x/a)^2$ が成立していることが利用できる．x の積分の中身 y を関係式を使って x で，y の積分の中身 x を関係式を使って y で書き直せば積分できる形になる．すなわち，$y = b\left(\dfrac{x}{a}\right)^2$ および $x = a\sqrt{\dfrac{y}{b}}$ を使って

$$\begin{aligned}\int_{\mathrm{C}} \boldsymbol{F} \cdot d\boldsymbol{r} &= \beta \int_{\mathrm{C}} \left\{ b\left(\frac{x}{a}\right)^2 dx - a\sqrt{\frac{y}{b}}\,dy \right\} \\ &= \beta \int_0^a b\left(\frac{x}{a}\right)^2 dx - \beta \int_0^b a\sqrt{\frac{y}{b}}\,dy \\ &= -\frac{1}{3}\beta ab\end{aligned}$$

この 2 つの例からわかるように，線積分では積分路によって積分の値が異なるのが普通である．したがって，通常は積分路を指定しなければ線積分の計算をすることができない．学生の諸君がこれまでに習ってきた積分 $\displaystyle\int f(x)\,dx$ では，始点と終点の値を決めれば定積分の値が計算できた．それは変数が x だけなので，x 軸上を通る以外に道はないから，と思えばよい．積分の変数が x, y のように 2 変数になると，仮に始点と終点は同じであっても，通る道は xy 平面上に無限に広がる可能性が出てくる．これが積分路を考える理由である．

おまけの話

上の積分計算では，最初は $\displaystyle\int_{\mathrm{C}} (F_x\,dx + F_y\,dy)$ という 2 変数の積分の式だったのに，途中から $\displaystyle\int(\cdots)\,dx$ と $\displaystyle\int(\cdots)\,dy$ の 2 つの積分に分割された．われわれは 2 変数のままでは積分計算ができないので，どこかで 1 変数の式にしなければならない．どこで積分を分けるかは，正しく計算するのであれば，実はどこでもよいが，例 1 のような場合は注意が必要である．最初に $\boldsymbol{F}$ を代入して，積分を x と y に分けてしまうと

$$\begin{aligned}\int_{\mathrm{C}} \boldsymbol{F} \cdot d\boldsymbol{r} &= \int_{\mathrm{C}} (F_x\,dx + F_y\,dy) \\ &= \int_0^a \beta y\,dx + \int_0^b (-\beta x)\,dy \\ &= \beta y\Big[x\Big]_0^a - \beta x\Big[y\Big]_0^b \qquad \text{(間違い)}\end{aligned}$$

のように，うっかり間違った積分をやってしまう (こういう学生は結構多い)．dx の前が x だけの式，dy の前が y だけの式になったら，2 つの積分に分けて積分範囲を書き込む，というやり方の方がよいと思う．例 1 のような積分路の場合，先に x 積分，y 積分に分かれてしまうので，中身を x や y だけの式にすることを忘れないようにしなければならない．

[*5] 原点と点 (a, b) を通る最も簡単な 2 次関数はこうなる．

仕事を求める線積分の例3

もう1つ例をあげる．例1, 2と同じ $\boldsymbol{F} = \beta(y, -x, 0)$ に対して，図のような，原点を中心とする半径 r の円周に沿った線積分を考える[*6]．ただし，始点，終点は x 軸上の点 $(r, 0)$ で，例1, 2とは異なる．これはできないと困るようなものではないが，いずれ別の科目で似たような式を扱うことになるかもしれない．

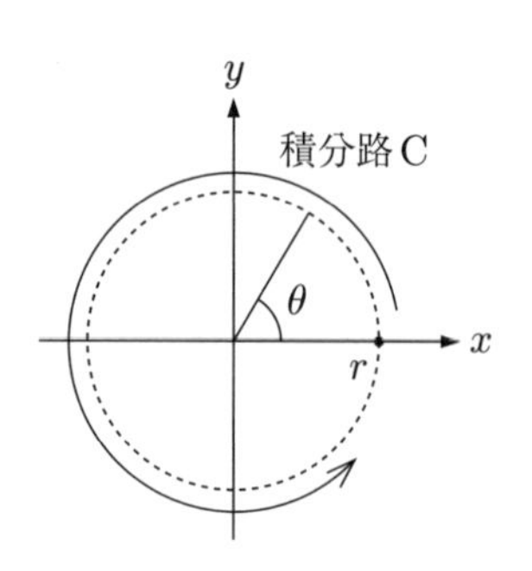

やり方は例2と似ている．

$$\begin{aligned}\int_{\mathrm{C}} \boldsymbol{F} \cdot d\boldsymbol{r} &= \int_{\mathrm{C}} (F_x\,dx + F_y\,dy) \\ &= \beta \int_{\mathrm{C}} (y\,dx - x\,dy)\end{aligned}$$

において，円周上の位置 (x, y) は角度 θ で表すことができる．すなわち

$$x = r\cos\theta\ , \qquad dx = -r\sin\theta \cdot d\theta$$

$$y = r\sin\theta\ , \qquad dy = r\cos\theta \cdot d\theta$$

であるので，

$$\begin{aligned}\int_{\mathrm{C}} \boldsymbol{F} \cdot d\boldsymbol{r} &= \beta \int_{\mathrm{C}} (y\,dx - x\,dy) \\ &= \beta \int_{\mathrm{C}} \{(r\sin\theta)(-r\sin\theta\,d\theta) - (r\cos\theta)(r\cos\theta\,d\theta)\} \\ &= -\beta r^2 \int_0^{2\pi} d\theta \\ &= -2\pi\beta r^2\end{aligned}$$

となる．このように積分を分けなくても，変数変換をすると1変数の積分になることもある．

ちなみに，以上の計算で，結果は仕事なのに値が負になっていてよいのか，という疑問をもつ者もあるかもしれない．仕事は力と変位の内積なので，力の向きと運動の向きが逆であれば，負になっても問題ない．イメージ的には，力を出して動かそうとしているのに (何らかの理由により) 逆にずり下がってしまう，そういうような状況を想像すればよい．

5.2　保存力

前節の話をまとめると，次のようになる．運動方程式

$$m\frac{d\boldsymbol{v}}{dt} = \boldsymbol{F}$$

[*6] 線積分が line integral だけでなく，contour integral (contour には輪郭という意味がある) とも呼ぶのは，このような例を念頭に置くからである．

から

$$\frac{1}{2}m\boldsymbol{v}^2 = \int \boldsymbol{F}\cdot d\boldsymbol{r}$$

が得られる．右辺の仕事の不定積分ができると，積分定数が力学的エネルギーとなり，エネルギー保存則が成立する，という仕組みである．

不定積分ができるためには，簡単にいうと，無条件で積分結果 (原始関数) が得られないといけないということである．順に考えてみよう．

(1) 1 次元の場合

物体の位置や働く力が x 軸方向だけになる場合である．もしも $F_x = f(x)$ なら

$$\int \boldsymbol{F}\cdot d\boldsymbol{r} = \int F_x\,dx = \int f(x)\,dx$$

となるので，たいていは積分できる (学生の諸君は『必ず』積分できると思ってよい)．しかし，もしも力が抵抗によるものだとして，$F_x = -\gamma v_x$ と表されるとすると

$$\int F_x\,dx = -\gamma\int v_x\,dx = -\gamma\int \frac{dx}{dt}\,dx \qquad \text{(積分できない)}$$

となり，積分できる形にならない．念のために書いておくと，v_x と x は異なる変数なので，積分はできない．どうしても積分したければ，v_x を x で表す，つまり，運動がどうなるかを求めた上で，位置 x と速度 v_x の対応関係 $v_x = v(x)$ を代入して，x の関数を x で積分するという形にしなければならない．

この結果を物理的に理解するのは実は簡単である．空気抵抗があると，速度がだんだん小さくなりやがて静止する．これは運動エネルギーが失われることになるので，もしも積分できてエネルギー保存則が成立するという結果が得られると矛盾することになる．だから積分できなくて当然なのである．

(2) 2, 3 次元の場合

1 次元の結果から，力に v_x や v_y が含まれてはならないことがわかるので，力 $\boldsymbol{F}$ は x, y, z だけの関数 $\boldsymbol{F}(x,y,z)$ でなければならない．そして，もし不定積分ができるとすると，その結果として得られる原始関数も変数 x, y, z の関数になるので，各点ごとに決まった値をもつことになる．しかし，線積分 $\displaystyle\int \boldsymbol{F}\cdot d\boldsymbol{r}$ は，一般には物体の動く経路 (積分路 C) を決めなければ計算できず，積分路ごとに値が異なる．このような，同じ行き先に対して積分路によって値が異なることが起きると，不定積分ができることと矛盾する．そうならないためには，(始点，終点を決めたとき) 線積分の値が積分路によらず，常に同じになる必要がある．

条件 1：線積分 $\displaystyle\int_{\mathrm{A}}^{\mathrm{B}} \boldsymbol{F}\cdot d\boldsymbol{r}$ が積分路によらず同じ値になる．

この条件1を満たすような力 $\boldsymbol{F}$ とはどのようなものかを調べよう．条件から $\boldsymbol{F}$ を導くのはたいへんなので，最初に $\boldsymbol{F}$ を与えて，それでよいことを確認する．

もし力 $\boldsymbol{F}$ が，位置 $\boldsymbol{r} = (x, y, z)$ の関数 $U(x, y, z)$ を用いて

$$F_x = -\frac{\partial U}{\partial x}\,, \quad F_y = -\frac{\partial U}{\partial y}\,, \quad F_z = -\frac{\partial U}{\partial z} \tag{5.1}$$

と表されるならば

$$\begin{aligned}\int_{\mathrm{A}}^{\mathrm{B}} \boldsymbol{F}\cdot d\boldsymbol{r} &= \int_{\mathrm{A}}^{\mathrm{B}} \Big(F_x\,dx + F_y\,dy + F_z\,dz\Big) \\ &= -\int_{\mathrm{A}}^{\mathrm{B}} \left(\frac{\partial U}{\partial x}dx + \frac{\partial U}{\partial y}dy + \frac{\partial U}{\partial z}dz\right) \\ &= -\int_{\mathrm{A}}^{\mathrm{B}} dU \\ &= -\Big\{\,U(\text{点 B}) - U(\text{点 A})\,\Big\}\end{aligned} \tag{5.2}$$

となって，積分路とは無関係に1つの値が決まる．

【説明】 式 (5.1) にある記号 ∂ は偏微分 (partial differentiation) を表し，デル，ラウンドディー (丸い d) などと読む．偏微分とは1つの変数に注目し，他の変数は定数扱いして微分する計算である*7．たとえば，

$$\frac{\partial}{\partial x}(x^2 + y^2) = 2x$$

となる．

次に，式 (5.2) の変形は証明ではなく，例を1つあげて理解してもらうことにする．

例1 $U(x, y, z) = axy^2z^3$ とする．x, y, z は時間 t の関数であるとして，U を t で微分すると

$$\begin{aligned}\frac{dU}{dt} &= \frac{d}{dt}(axy^2z^3) \\ &= ay^2z^3\frac{dx}{dt} + 2axyz^3\frac{dy}{dt} + 3axy^2z^2\frac{dz}{dt} \\ &= \frac{\partial U}{\partial x}\frac{dx}{dt} + \frac{\partial U}{\partial y}\frac{dy}{dt} + \frac{\partial U}{\partial z}\frac{dz}{dt}\end{aligned}$$

と書くことができるので，積分中の

$$dU = \frac{\partial U}{\partial x}dx + \frac{\partial U}{\partial y}dy + \frac{\partial U}{\partial z}dz$$

が得られる．

式 (5.2) の最後にある U(点 B) とは，点 B における U の値である．上の例で考えた U では，たとえば点 A を原点 (0,0,0)，点 B を (1,2,3) とすると

$$U(\text{点 A}) = a\cdot 0\cdot 0^2\cdot 0^3 = 0$$

*7 ただの計算方法ではなく，意味もちゃんとある．数学上の意味については適当な本を参照してほしい．

$$U(\text{点 B}) = a \cdot 1 \cdot 2^2 \cdot 3^3 = 108a$$

ということである．したがって，$U(\text{点 B}) - U(\text{点 A}) = 108a$ である．

以上をまとめると，

条件 2：力 $\boldsymbol{F}$ がある関数 $U(x, y, z)$ を用いて

$$\boldsymbol{F} = -\left(\frac{\partial U}{\partial x}, \frac{\partial U}{\partial y}, \frac{\partial U}{\partial z}\right)$$

と表されるとき，$\int \boldsymbol{F} \cdot d\boldsymbol{r}$ が積分できて

$$\frac{1}{2}m\boldsymbol{v}^2 = \int \boldsymbol{F} \cdot d\boldsymbol{r} = -\int dU = -U + C$$

$$\therefore \quad \frac{1}{2}m\boldsymbol{v}^2 + U = C$$

となり，エネルギー保存則が成立する．

このような性質をもつ力 $\boldsymbol{F}$ を**保存力** (conservative force)，U を**ポテンシャルエネルギー** (potential energy)，あるいは短く**ポテンシャル**という[*8]．保存力という名前は，エネルギー保存則 (conservation of energy) が成立するような力であるという意味である．

保存力 $\boldsymbol{F}$ のもう 1 つの性質

保存力にはもう 1 つ性質がある．それを述べるために少し記号を整理しておく．偏微分には，$\dfrac{\partial U}{\partial x} = \partial_x U$ という記号がある．この ∂_x をあたかもベクトルの成分のような扱いをして，ベクトル記号

$$\nabla = (\partial_x,\ \partial_y,\ \partial_z)$$

を導入する．∇ はナブラ (nabla) と読む．これはあくまでただの記号であって，それ自身では意味がない．何かを右側に置いて，偏微分をして初めて意味をもつ．∇ を用いると

$$\begin{aligned}\boldsymbol{F} &= -\nabla U \\ &= -\Big(\partial_x,\ \partial_y,\ \partial_z\Big)U \\ &= -\left(\frac{\partial U}{\partial x}, \frac{\partial U}{\partial y}, \frac{\partial U}{\partial z}\right)\end{aligned}$$

と書くことができる．また，∇ をベクトルの内積や外積の計算に入れて行うこともできる．すなわち

$$\begin{aligned}\nabla \cdot \boldsymbol{A} &= \partial_x A_x + \partial_y A_y + \partial_z A_z \\ &= \frac{\partial A_x}{\partial x} + \frac{\partial A_y}{\partial y} + \frac{\partial A_z}{\partial z}\end{aligned}$$

*8 位置エネルギーと同じものである．

$$\nabla \times \boldsymbol{A} = (\partial_y A_z - \partial_z A_y,\ \partial_z A_x - \partial_x A_z,\ \partial_x A_y - \partial_y A_x)$$
$$= \left(\frac{\partial A_z}{\partial y} - \frac{\partial A_y}{\partial z},\ \frac{\partial A_x}{\partial z} - \frac{\partial A_z}{\partial x},\ \frac{\partial A_y}{\partial x} - \frac{\partial A_x}{\partial y}\right)$$

である[*9].

この ∇ を使った外積の計算を保存力に対して行ってみる．もしも，条件2のように $\boldsymbol{F} = -(\partial_x U,\ \partial_y U,\ \partial_z U)$ と書けるとすると，

$$\nabla \times \boldsymbol{F} = \left(\frac{\partial F_z}{\partial y} - \frac{\partial F_y}{\partial z},\ \frac{\partial F_x}{\partial z} - \frac{\partial F_z}{\partial x},\ \frac{\partial F_y}{\partial x} - \frac{\partial F_x}{\partial y}\right)$$
$$= \left(-\frac{\partial}{\partial y}\left[\frac{\partial U}{\partial z}\right] + \frac{\partial}{\partial z}\left[\frac{\partial U}{\partial y}\right],\ -\frac{\partial}{\partial z}\left[\frac{\partial U}{\partial x}\right] + \frac{\partial}{\partial x}\left[\frac{\partial U}{\partial z}\right],\ -\frac{\partial}{\partial x}\left[\frac{\partial U}{\partial y}\right] + \frac{\partial}{\partial y}\left[\frac{\partial U}{\partial x}\right]\right)$$
$$= (0,\ 0,\ 0)$$

となる．ここでは，偏微分が2回続けて行われているとき，その順番は交換できるという性質が使われている[*10]．この結果，保存力であれば各成分が常に0になることがわかる．この性質は「渦なし条件」ともいわれる．

条件3：$\boldsymbol{F}$ が保存力なら $\nabla \times \boldsymbol{F} = \boldsymbol{0}$ である[*11].

以上をまとめると，保存力に対しては次の3つの条件が成り立つことがわかる．

保存力の条件

(1) $\displaystyle\int_{\mathrm{A}}^{\mathrm{B}} \boldsymbol{F}\cdot d\boldsymbol{r}$ が積分路によらない

(2) $\boldsymbol{F}$ がポテンシャル $U(x, y, z)$ から導かれる．すなわち $\boldsymbol{F} = -\nabla U$

(3) $\nabla \times \boldsymbol{F} = \boldsymbol{0}$　(ただし，$\boldsymbol{F}$ は位置 $\boldsymbol{r} = (x, y, z)$ の関数)

保存力であるためには，この3つのうちのどれか1つが成立すればよい．

例題 5.2　力 $\boldsymbol{F} = \beta(y, -x, 0)$ は保存力でないが，力 $\boldsymbol{F} = \beta(y, x, 0)$ は保存力であることを示せ ($\beta \neq 0$ とする).

解答　$\boldsymbol{F} = \beta(y, -x, 0)$ の場合

$$\nabla \times \boldsymbol{F} = (\partial_y F_z - \partial_z F_y,\ \partial_z F_x - \partial_x F_z,\ \partial_x F_y - \partial_y F_x)$$
$$= \beta\left(\frac{\partial}{\partial y}(0) - \frac{\partial}{\partial z}(-x),\ \frac{\partial}{\partial z}(y) - \frac{\partial}{\partial x}(0),\ \frac{\partial}{\partial x}(-x) - \frac{\partial}{\partial y}(y)\right)$$
$$= \beta\,(0,\ 0,\ -1-1)$$

[*9] 最初の計算には「発散」，2つ目の計算には「回転」という名前がついている．また，学生がよくやる間違いとして，$\boldsymbol{A}\cdot\nabla$ とか $\boldsymbol{A}\times\nabla$ とかがある．どちらも無意味な式である．

[*10] 証明は他の本を参照してほしい．実際にいくつか例を考えて計算してみると納得できるだろう．

[*11] 逆を示すには，ストークスの定理 $\displaystyle\int_S (\nabla\times\boldsymbol{F})\cdot\boldsymbol{n}\,dS = \int_C \boldsymbol{F}\cdot d\boldsymbol{r}$ を用いる．ただし，$\boldsymbol{F}$ が定義できる (無限大になったりしない) 領域が単純な形 (単連結) であるという条件はつく．この教科書に登場する $\boldsymbol{F}$ ではすべて逆も成り立つ．

$$= (0,\ 0,\ -2\beta)$$

$\nabla \times \boldsymbol{F} = \boldsymbol{0}$ とならないので，保存力でない．

$\boldsymbol{F} = \beta(y, x, 0)$ の場合

$$\begin{aligned}
\nabla \times \boldsymbol{F} &= (\partial_y F_z - \partial_z F_y,\ \partial_z F_x - \partial_x F_z,\ \partial_x F_y - \partial_y F_x) \\
&= \beta\left(\frac{\partial}{\partial y}(0) - \frac{\partial}{\partial z}(x),\ \frac{\partial}{\partial z}(y) - \frac{\partial}{\partial x}(0),\ \frac{\partial}{\partial x}(x) - \frac{\partial}{\partial y}(y)\right) \\
&= \beta\,(0,\ 0,\ 1-1) \\
&= (0,\ 0,\ 0)
\end{aligned}$$

したがって保存力である． ■

5.3 ポテンシャル

ポテンシャルは位置エネルギーと同じようなものなので，ポテンシャルの大小は高さの高低と考えると理解しやすい．たとえば，ばねの力は保存力なので，ポテンシャルが存在する．1 次元 (x 座標方向に振動する) のばねであれば

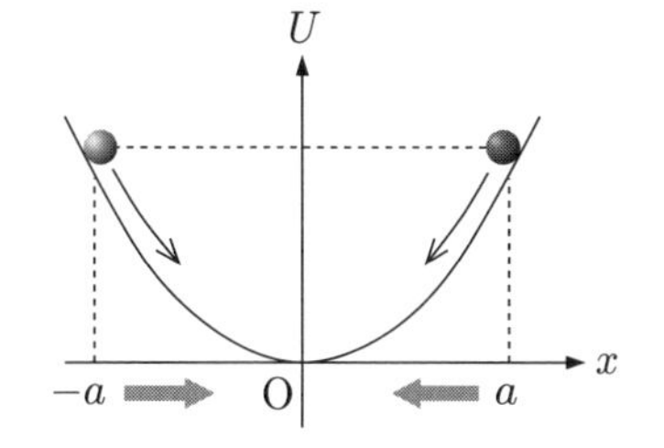

$$U = \frac{1}{2}kx^2$$

である．ばねの力をうけて行う運動は，図のような，ポテンシャルと同じ形のすり鉢に玉を転がしたときの運動に等しい．

ポテンシャルの求め方

ポテンシャル U から $\boldsymbol{F}$ を求めるには，単純に偏微分すればよいので簡単である．逆に，U がわかっていないときに，$\boldsymbol{F}$ から U を求めるには線積分を行わなければならない．前節でやったように，$\boldsymbol{F}$ が保存力なら不定積分ができるので，$\int \boldsymbol{F}\cdot d\boldsymbol{r} = -U + C$ である．したがって，ポテンシャルは

$$U = -\int \boldsymbol{F}\cdot d\boldsymbol{r} + C$$

となる．不定積分なので，ポテンシャル U の定数部分は何か条件をつけないと決めることができない．ばねの例でいうと，$U = \frac{1}{2}kx^2 + 1$, $U = \frac{1}{2}kx^2 + 100$, $U = \frac{1}{2}kx^2 - 50, \cdots$，どれも皆同じばねの力を表す (微分すれば同じになる)．そこで通常は，どこか基準点を 1 ヶ所決めて，その点では $U = 0$ であるとし，そこからの定積分 (線積分) で U を表す．すなわち

$$U(\text{点 B}) = -\int_{\text{基準点}}^{\text{B}} \boldsymbol{F}\cdot d\boldsymbol{r}$$

とするのである．そして，この基準点は積分結果の関数 ($\boldsymbol{F}$ の原始関数) が 0 となる点にとることが多い．たとえば，1次元のばねの場合であれば，基準点は原点 ($x=0$) で

$$U(x) = -\int_0^x F_x\,dx' = \int_0^x kx'\,dx' = \left[\frac{1}{2}kx'^2\right]_0^x = \frac{1}{2}kx^2$$

となる．ポテンシャルの値を知りたい点Bの座標が x で，x' は積分するための変数である．もしも基準点を別の点 (たとえば $x=1$) にとったとすると，$U(x) = \dfrac{1}{2}k(x^2-1)$ となる．$x=1$ で $U=0$ となっていることがわかるだろう．

異なる基準点となるポテンシャルの例としては，万有引力の場合がある．この場合は無限遠点を基準にとる．簡単のために x 積分で表すと

$$U(x) = -\int_\infty^x F_x\,dx' = \int_\infty^x \frac{Gm_1m_2}{x'^2}\,dx' = -\left[\frac{Gm_1m_2}{x'}\right]_\infty^x = -\frac{Gm_1m_2}{x}$$

である．$x=\infty$ で $U=0$ になっている．

以上は1次元に簡単化した例であるが，実際には物体の位置は (x,y,z) の3次元座標であるため，線積分で計算しなければならない．

$$U(x,y,z) = -\int_{\text{基準点}}^{(x,y,z)} \boldsymbol{F}\cdot d\boldsymbol{r}'$$

という線積分である．ただし，保存力であることから，線積分は積分路によらないことがわかっているので，最も都合のいいように積分路を考えればよい．線積分のやり方は5.1節に詳しく書いてあるので，そこを参照してほしい．

ポテンシャルと力をまとめると以下のようになる．

- ばね (1次元)　: $U(x) = \dfrac{1}{2}kx^2$,　　$F_x = -\dfrac{\partial U}{\partial x} = -kx$
- ばね (3次元)[12] : $U(x,y,z) = \dfrac{1}{2}k(x^2+y^2+z^2)$,　$\boldsymbol{F} = (-kx,\ -ky,\ -kz)$
- 重力　: $U(x,y,z) = mgy$,　　$F_y = -mg$
- 万有引力[13]　: $U(r) = -G\dfrac{m_1m_2}{r}$,　　$F_r = -\dfrac{\partial U}{\partial r} = -G\dfrac{m_1m_2}{r^2}$

例題 5.3　原点を基準点として，力 $\boldsymbol{F} = \beta(y,x,0)$ のポテンシャルを求めよ．

解答　例題5.2で力 $\boldsymbol{F}$ が保存力であることを示したので，どのような積分路をとってもよい．そこで，図のような積分路を考える．いったん定数 a,b で線積分を行い，あとで $a\to x$, $b\to y$ と置き換える (積分変数 $\boldsymbol{r}'$ を使う書き方は間違う学生が多い)．

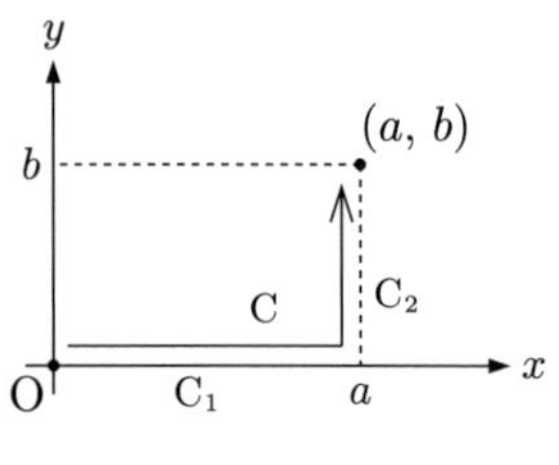

$$U(a,b) = -\int_C \boldsymbol{F}\cdot d\boldsymbol{r}$$

[12] ばねの自然長は無視できるものとする．
[13] 極座標を習っていない場合は r の代わりに x で考えてよい．

$$
\begin{aligned}
&= -\int_{C_1} F_x\,dx - \int_{C_2} F_y\,dy \\
&= -\beta\int_{C_1} y\,dx - \beta\int_{C_2} x\,dy \\
&= -\beta\int_0^a 0\,dx - \beta\int_0^b a\,dy \\
&= -\beta[ay]_0^b \\
&= -\beta ab
\end{aligned}
$$

$$
\therefore \quad U(x,y) = -\beta xy
$$

確認のために，得られたポテンシャルから力を計算してみると

$$
\begin{aligned}
F_x &= -\frac{\partial U}{\partial x} \\
&= -\frac{\partial}{\partial x}(-\beta xy) \\
&= \beta y
\end{aligned}
\qquad\qquad
\begin{aligned}
F_y &= -\frac{\partial U}{\partial y} \\
&= -\frac{\partial}{\partial y}(-\beta xy) \\
&= \beta x
\end{aligned}
$$

となり，このポテンシャルで正しいことがわかる． ▮

おまけの話

「なぜ $\boldsymbol{F}$ と U の関係式にマイナスがついているのか」という質問をよく受ける．なぜプラスなのかという質問が出ることはないので，学生はマイナスが付くのが嫌いなのだろう．

重力の場合を考えてみよう．5.1 節で見たように，重力が $F_y = -mg$ であるとすると，運動方程式から $\frac{1}{2}m{v_y}^2 + mgy = C$ が得られる．ポテンシャルを $U = mgy$ と定義すると，エネルギーの和が一定と理解できるのでたいへん都合がよい．すると $\frac{\partial U}{\partial y} = mg$ となって，F_y と符号が異なる．つまり，矛盾しないためには，この連鎖のどこかにマイナス符号を入れる必要がある．その場所として最も都合がよいのが $\boldsymbol{F}$ と U の間だったのである (他の場所だとどう都合が悪いかは自分で考えてみよ)．

正確ではないが，以下のように考えるとよいかもしれない．右上がりの坂があるとする．微分 (傾き) は正である．坂の上に石を置くと左向きにころがり落ちる．つまり，物体に働く力は負の方向に向いている．微分が正のとき力は負の方向になるからマイナス符号が必要ということである．

5.4 運動量保存則

エネルギー保存則と同じように，運動方程式から導くことができる保存則があと 2 つある．その 1 つが運動量保存則である．

運動量

運動量 (momentum) とは

$$\boldsymbol{p} = m\boldsymbol{v}$$
$$= (mv_x,\ mv_y,\ mv_z)$$

で定義される量である．質量 m がかかっているので，同じ速度でも重い物体ほど大きくなるような量である．高校で習った人も多いと思うが，運動量 $\boldsymbol{p}$ はベクトルであることに注意する．

この運動量を使って運動方程式を書き換えると

$$m\frac{d^2\boldsymbol{r}}{dt^2} = \frac{d\boldsymbol{p}}{dt} = \boldsymbol{F}$$

となる．ここで $\boldsymbol{F} = \boldsymbol{0}$ と仮定すると

$$\frac{d\boldsymbol{p}}{dt} = \boldsymbol{0}$$

であるので，$\boldsymbol{p}$ は一定値となる．別のいい方をすると，上の式は不定積分ができるので，積分を実行すると積分定数が現れる．それが $\boldsymbol{p}$ の値である．積分定数は各成分に対して現れるので

$$\boldsymbol{p} = (p_x,\ p_y,\ p_z) = (C_1,\ C_2,\ C_3)$$

となる．これが運動量保存則 (conservation of momentum) である．

例題 5.4　図のように，速さ V で進んできた質量 m の球 A が，静止した質量 $3m$ の球 B に正面衝突した．運動量保存則とエネルギー保存則が成り立つものとして，衝突後の A, B の速度を求めよ．

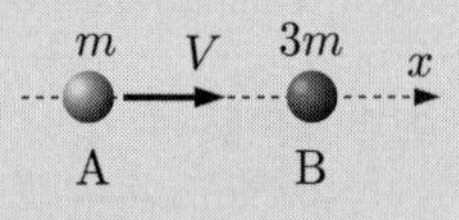

解答　図のように x 軸をとると，衝突前後の A, B の速度は x 成分しかもたない．衝突後の速度を，球 A は $(U,0,0)$，球 B は $(v,0,0)$ とおく．運動量 (の x 成分の) 保存則とエネルギーの保存則は

$$\begin{array}{lcccc} & \text{衝突前} & & \text{衝突後} \\ \text{運動量} & : mV + 0 & = & mU + (3m)v \\ \text{エネルギー} & : \frac{1}{2}mV^2 + 0 & = & \frac{1}{2}mU^2 + \frac{1}{2}(3m)v^2 \end{array}$$

である．この2式を連立方程式として解くと

$$(1)\ U = V, \qquad v = 0$$
$$(2)\ U = -\frac{1}{2}V, \quad v = \frac{1}{2}V$$

の2通りの解が得られる．$U = V$, $v = 0$ は衝突していないことになってしまうので，求める答えは

$$U = -\frac{1}{2}V,\ v = \frac{1}{2}V \quad \text{または} \quad \mathrm{A} : \left(-\frac{1}{2}V, 0, 0\right),\ \mathrm{B} : \left(\frac{1}{2}V, 0, 0\right)$$

∎

おまけの話

$\boldsymbol{F} = \boldsymbol{0}$ という条件を使わなければ運動量保存則が導けないので，そのような条件付きの法則では役に立たないのではないか，と考える学生もいるかもしれない．しかし，エネルギー保存則を導いたときにも，$\boldsymbol{F}$ は何でもよいわけではない．保存力というある意味特別な性質をもつ力に対してしかエネルギー保存則は成り立たないので，条件付きの法則になっている．したがって，運動量保存則が特に劣っているということではない．

さらに，運動量保存則に必要な

$\boldsymbol{F} = \boldsymbol{0}$

という条件もいつでも成立させる

ことができる．

運動量保存則を用いる典型的な問題として，2つの球の衝突があるので，それを例に考えてみよう．衝突したときには両者間にお互いを反発させる力が働くので，明らかに $\boldsymbol{F} \neq \boldsymbol{0}$ のように見える．しかし，2つの球をセットにして考えると，両者間の反発力は1つの物体内部で働く力の組となり，「2つの球」全体には外部から力は働いていないことになる．このように，適切な物体のセットを考えることで，外部からは力が働いていないような状況はいつでも作ることができるのである．

現代の物理学では，分子や原子のレベルで考えると，すべての基本的な力は保存力であり，エネルギー保存則も運動量保存則も常に成り立つ基本法則であると考えられている．もちろん，練習問題として出されるような特定の状況設定，たとえば摩擦力がある場合などでは，運動量保存則もエネルギー保存則も成り立たない．

5.5 角運動量保存則

運動方程式から導くことができる最後の保存則が角運動量保存則 (conservation of angular momentum) である．角運動量の説明は後回しにして，運動方程式を変形して保存則を導くことから行う．

運動量を用いて書かれた運動方程式

$$\frac{d\boldsymbol{p}}{dt} = \boldsymbol{F}$$

の両辺に対して，$\boldsymbol{r}$ との外積を計算してみると

$$\boldsymbol{r} \times \frac{d\boldsymbol{p}}{dt} = \frac{d}{dt}\Big(\boldsymbol{r} \times \boldsymbol{p}\Big) = \boldsymbol{r} \times \boldsymbol{F}$$

となる．ここで，**角運動量** (angular momentum) $\boldsymbol{L}$ と**力のモーメント** (moment of force) $\boldsymbol{N}$ を

$$\boldsymbol{L} = \boldsymbol{r} \times \boldsymbol{p}$$

$$\boldsymbol{N} = \boldsymbol{r} \times \boldsymbol{F}$$

と定義する．$\boldsymbol{r}$ は物体の位置を表し，原点から物体の位置へ向かうベクトルなので，原点が基準となっている．したがって，正確には原点に関する角運動量，原点に関する力のモーメントという．すると運動方程式は

$$\frac{d\boldsymbol{L}}{dt} = \boldsymbol{N}$$

と書くことができる．この式は運動量を用いて書かれた運動方程式と同じ形になる．したがって，5.4 節と同様に，$\boldsymbol{N} = \boldsymbol{0}$ のとき

$$\frac{d\boldsymbol{L}}{dt} = \boldsymbol{0}$$

であるので，$\boldsymbol{L}$ は一定値となる．各成分に分けて書くと

$$\boldsymbol{L} = (L_x,\ L_y,\ L_z) = (C_1,\ C_2,\ C_3)$$

となる．これが角運動量保存則である．

おまけの話

運動量保存則の場合と同様に，考えている物体に外部から力を及ぼすものがあれば，それも含めて適切なセットを考えることにより，いつでも $\boldsymbol{N} = \boldsymbol{0}$ という条件を満たすようにすることができる．外力があることが指定されていて，その力のモーメント $\boldsymbol{N}$ が $\boldsymbol{0}$ でない場合は，もちろん角運動量保存則は成り立たない．

ただし，外力 $\boldsymbol{F}$ は $\boldsymbol{0}$ でなくても $\boldsymbol{N} = \boldsymbol{0}$ ならばよい．その典型例が万有引力などの中心力と呼ばれるタイプの力である．たとえば，太陽の位置を原点にとると，地球に働く引力 $\boldsymbol{F}$ は原点方向に向く．したがって，$\boldsymbol{F}$ と $\boldsymbol{r}$ は平行 (逆向き) なので，常に $\boldsymbol{N} = \boldsymbol{r} \times \boldsymbol{F} = \boldsymbol{0}$ が成り立つ．地球の角運動量が一定値なのは，このためである．

角運動量とは

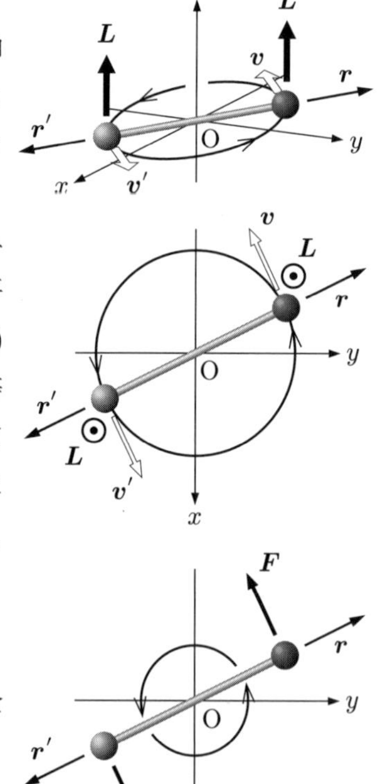

物体の回転の速さは角速度 ω で表される．角運動量 $\boldsymbol{L}$ と角速度 ω の関係は，運動量 $\boldsymbol{p}$ と速度 $\boldsymbol{v}$ の関係に似ている．たとえば，重さの異なる 2 つの物体が同じ速さで回転しているとき，角運動量は重い物体の方が大きくなる．

質量 m の 2 つの球を棒でつないだ物体を例として考えてみよう．図のように棒の中心を原点にとって，2 つの球は xy 平面内で角速度 ω で回転しているとする．半径 r (棒の長さ $2r$) とすると，球の速さは $v = r\omega$ である．2 つの球の運動は等速円運動なので，球に働く力は中心向きである．したがって角運動量保存則が成り立ち，どの位置でも角運動量は同じになる．そこで適当な位置 (たとえば x 軸上の点) に来たとき，$\boldsymbol{L} = m\boldsymbol{r} \times \boldsymbol{v}$ を計算してみると

$$\boldsymbol{L} = (0,\ 0,\ mr^2\omega) \qquad (\text{球 1 つ分})$$

となる．反対側の球についても同じように計算してみると，全く同じ $\boldsymbol{L}$ が得られる[*14]．したがって，全体では

$$\boldsymbol{L} = (0,\ 0,\ 2mr^2\omega)$$

*14 逆符号にはならない．

となる．毎秒何回転というような回転速度は ω だけで決まるのに対し，角運動量は回転の半径 r，回転する球の質量 m にも関係する．同じ回転速度でも大きく (半径が大きい)，重い物体ほど角運動量は大きい．このような物体の角運動量については，次章の慣性モーメントで詳しくやるので，ここでは質点が回転運動している場合について理解できていればよい．

力のモーメントとは

力のモーメントは大雑把にいえば，物体を回転させようとする力の効果を表す量である．p.82 の図の例で，円運動している球に対して接線方向 (右側の球には上向き，左側の球には下向き) に大きさ F の力を加えるとしよう．日常の経験から，回転速度が大きくなることは想像できるだろう．このとき，$\boldsymbol{L}$ と同じやり方で力のモーメント $\boldsymbol{N} = \boldsymbol{r} \times \boldsymbol{F}$ を計算してみると，

$$\boldsymbol{N} = (0,\ 0,\ 2aF)$$

となる．$2aF > 0$ なので回転が増すことと合致している．力のモーメントについても次章の剛体のところで詳しく扱う．

例題 5.5　図のように，質量 m のおもりのついたふり子があり，それを糸が水平になる位置 ($x = a$) から静かに落とす．図の 2 ヶ所 (1),(2) での，原点に関する力のモーメントと角運動量を計算せよ．

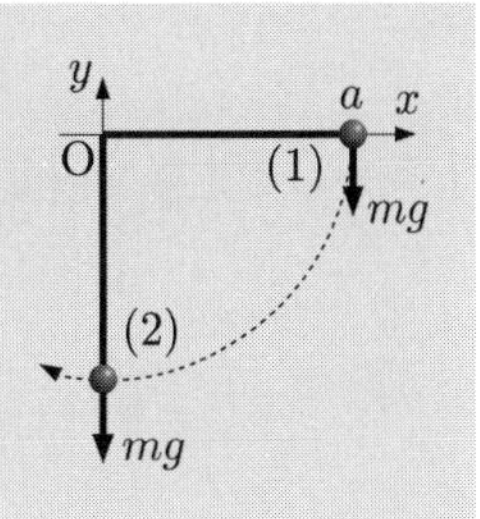

解答　(1) おもりの位置，速度，おもりに働く重力は，それぞれ $\boldsymbol{r} = (a, 0, 0)$, $\boldsymbol{v} = (0, 0, 0)$, $\boldsymbol{F} = (0, -mg, 0)$ なので

$$\begin{aligned}\boldsymbol{N} &= \boldsymbol{r} \times \boldsymbol{F}\\ &= (yF_z - zF_y,\ zF_x - xF_z,\ xF_y - yF_x)\\ &= (0,\ 0,\ -amg)\\ \boldsymbol{L} &= m\boldsymbol{r} \times \boldsymbol{v}\\ &= m(yv_z - zv_y,\ zv_x - xv_z,\ xv_y - yv_x)\\ &= (0,\ 0,\ 0)\end{aligned}$$

(2) まず，おもりの速さをエネルギー保存則を使って求める．

$$\frac{1}{2}mv^2 - mga = 0 \quad \rightarrow \quad v = \sqrt{2ga}$$

次に，(1) と同様に計算すると，$\boldsymbol{r} = (0, -a, 0)$, $\boldsymbol{v} = (-v, 0, 0)$, $\boldsymbol{F} = (0, -mg, 0)$ なので

$$\boldsymbol{N} = (0,\ 0,\ 0)$$

$$\begin{aligned}\boldsymbol{L} &= m(0,\ 0,\ -av) \\ &= (0,\ 0,\ -ma\sqrt{2ga})\end{aligned}$$

▮

例題 5.6　質量の無視できる長さ $2a$ の棒の両端に，質量 m の球が2個ついていて，図のように毎秒12回転の速さで回転している．

(1)　中心軸に関する角運動量の大きさを求めよ．

(2)　棒が伸びて (外から力は加えない)，長さが2倍になったとき，毎秒何回転するようになったか．

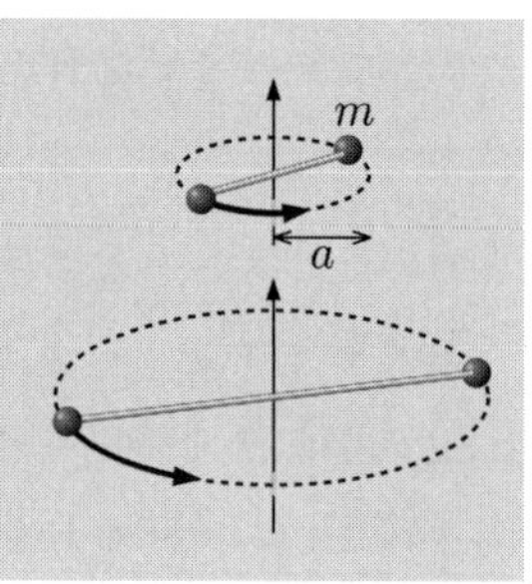

解答　(1) 角速度は $\omega = 24\pi$ rad/s である．角運動量の大きさは

$$\begin{aligned}L &= 2ma^2\omega \\ &= 48\pi ma^2\end{aligned}$$

(2) 棒が伸びた後の角速度を ω' とおくと，角運動量保存則から

$$L = 2m(2a)^2\omega' = 48\pi ma^2 \quad \to \quad \omega' = 6\pi \text{ rad/s}$$

したがって毎秒3回転になる．

▮

◆◆練習問題 5 ◆◆

特に指定がない場合は，物体や質点の質量は m とする．また必要に応じて，重力加速度の大きさ g を用いてよい．

1. 次の力が働いているとき，運動方程式を 1 回積分し，エネルギーが保存することを示す式を導け．

(1) $F_x = a\sin bx$　　(2) $F_y = mg - ky$　　(3) $F_x = -a\dfrac{1}{x^2}$

2. 物体に力 $F_x = -kx$ が働いている．$x = 0$ から $x = a$ まで物体を移動するとき，この力がする仕事を x についての積分を用いて求めよ．

3. 物体に力 $\boldsymbol{F} = \left(-kxy^2,\ \dfrac{1}{2}kx^2y\right)$ が働いている．原点から (a, b) まで物体を移動するとき，この力がする仕事を以下の場合について求めよ．

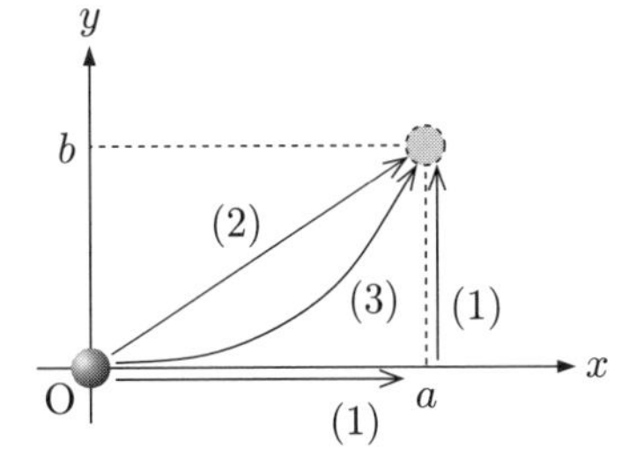

(1) x 軸上を $x = a$ まで，そこから $y = b$ まで行く積分路の場合

(2) 原点と (a, b) を結ぶ直線 $y = \dfrac{b}{a}x$ を積分路にした場合

(3) 原点と (a, b) を結ぶ 2 次曲線 $y = \dfrac{b}{a^2}x^2$ を積分路にした場合

4. 力が $\boldsymbol{F} = (-kx,\ -ky)$ のとき，問 3(1)-(3) と同じ計算をせよ．

5. 物体に以下の力が働いているとき，図のような半径 a の円周に沿って物体を 1 周分移動する場合に，この力がする仕事を求めよ．

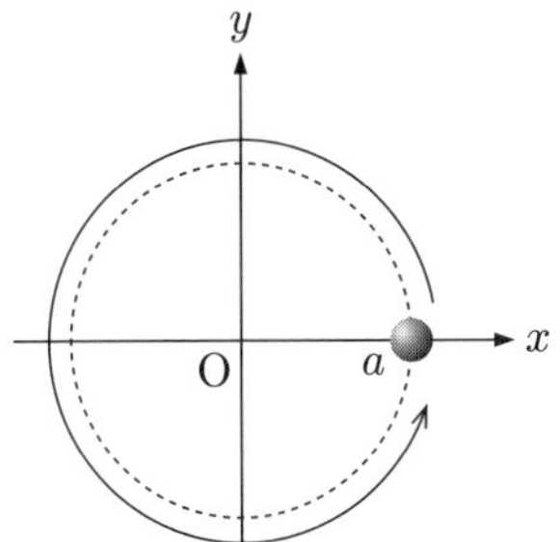

(1) $\boldsymbol{F} = \left(-\dfrac{y}{\sqrt{x^2+y^2}}f,\ \dfrac{x}{\sqrt{x^2+y^2}}f\right)$　(f は正の定数)

(2) $\boldsymbol{F} = (k(x - x_0),\ -k(y - y_0))$

6. ポテンシャルが $U = \dfrac{1}{2}k(x^2 + y^2) + mgz$ のとき，力を求めよ．

7. 力が $\boldsymbol{F} = (-kx,\ -ky,\ -mg)$ のとき，ポテンシャルが問 6 のものになることを積分を用いて示せ．ただし，ポテンシャルの基準点は原点とする．

8. 以下に示す力が保存力であることを渦なし条件を用いて示せ．

(1) $\boldsymbol{F} = \left(-\dfrac{ax}{r},\ -\dfrac{ay}{r},\ -\dfrac{az}{r}\right)$, $r = \sqrt{x^2 + y^2 + z^2}$

(2) $\boldsymbol{F} = (-axy^2,\ -ax^2y,\ 0)$

(3) $\boldsymbol{F} = \left(-b\sqrt{\dfrac{y}{x}},\ -b\sqrt{\dfrac{x}{y}},\ 0\right)$

9. 前問 (2) の力について，積分を用いてポテンシャルを求めよ．ただし，原点を基準点とする．

10. x 軸上だけを運動する質点を考える．この質点にはポテンシャルが $U(x) = Ex^2(x^2 - 2a^2)$ $(E > 0,\ a > 0)$ で表される力が働いている．

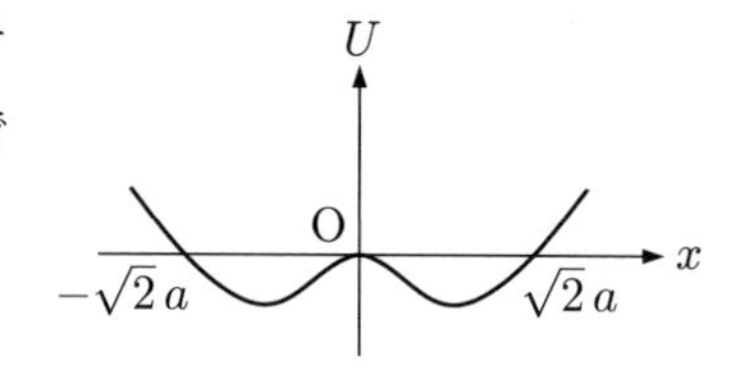

(1) 力の x 成分を求めよ．

(2) 力が0になる点の x 座標を求めよ．

(3) 問(2)の点でのポテンシャルの値を求めよ．

(4) ポテンシャルの値が0になる点の x 座標を求めよ．

(5) $x = \sqrt{2}a$ の点で質点を静かに放すとき，質点はどちらに動き出すか．

(6) 問(5)の場合，質点が最初に静止する位置はどこか．

(7) $x = 2a$ の点で質点を静かに放したとき，質点が最初に静止する位置はどこか．

(8) 問(7)の場合，質点が原点を通過するときの速さを求めよ．

(9) 問(7)の場合，質点の速さの最大値を求めよ．

11. ある自動車では，1 g のガソリンを消費すると，燃焼エネルギーのうち 8×10^3 J が運動エネルギーに変わる．自動車の質量を 1 t として，72 km/h まで加速するために必要なガソリンの量を g 単位で計算せよ．

12. 以下の場合の衝突について，エネルギーと運動量は保存されるものとして，衝突後の2つの質点の速度を求めよ．ただし，両質点とも x 軸上で運動するものとする．

(1) 質量 $10m$，速度 $\boldsymbol{v} = (v_0, 0)$ の質点Aが，静止した質量 m の質点Bに衝突する場合

(2) 質量 m，速度 $\boldsymbol{v} = (v_0, 0)$ の質点Bが，静止した質量 $10m$ の質点Aに衝突する場合

13. yz 平面内で原点を中心に半径 a，角速度 ω で回転している質点の原点に関する角運動量ベクトルを求めよ．ただし，回転方向は x 軸の正の方向から見て時計回りである．

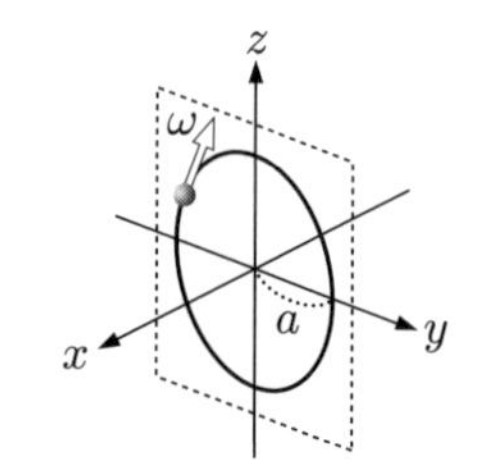

14. フィギュアスケートのスピンでは，広げた手を縮めると回転速度が上がる．手を質量 1 kg の2つの質点と考えて，広げたときの半径を 50 cm，縮めたときの半径を 10 cm とする．広げているとき毎秒1回転だったとすると，縮めたときは毎秒何回転になるかを以下の2つの場合に計算せよ．

(1) 手以外の体重を無視する場合

(2) 体重の効果を，50 kg の質点が半径 5 cm で回転しているものとする場合

15. xy 平面内で直線 $x = a$ に沿って，一定の速度 $\boldsymbol{v} = (0, v_0)$ で運動している物体がある．異なる 2 点 (たとえば $(a, 0)$ と (a, a) など) で原点に関する角運動量ベクトルを計算し，一致することを確かめよ．

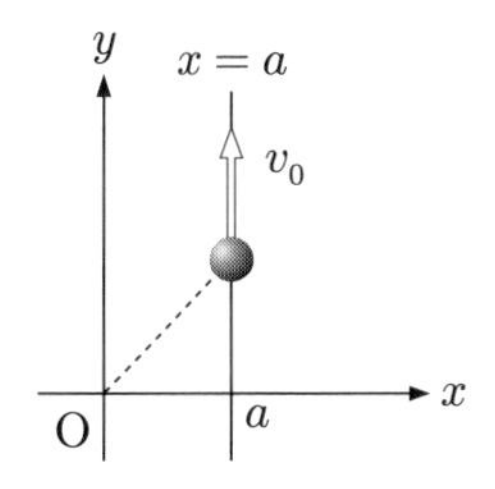

16. 問 15 の設定を，原点を中心として反時計まわりに $\pi/4$ 回転させた場合，直線は $y = -x + \sqrt{2}a$ に，速度は $\boldsymbol{v} = \left(-\dfrac{v_0}{\sqrt{2}}, \dfrac{v_0}{\sqrt{2}}\right)$ になる．適当な点で角運動量ベクトルを計算し，問 15 と一致することを確かめよ．

17. xy 平面内で運動する質点の位置が以下の式で表されるとき，原点に関する角運動量ベクトルを計算せよ．

(1) $x = a\cos\omega t,\ y = b\sin\omega t$

(2) $x = a\cos(\omega t) - b,\ y = a\sin\omega t$

(3) $x = a\cos\omega t,\ y = a\cos 2\omega t$

◇◆答◆◇

1. (1) $\frac{1}{2}m{v_x}^2+\frac{a}{b}\cos bx=C$　(2) $\frac{1}{2}m{v_y}^2-mgy+\frac{1}{2}ky^2=C$　(3) $\frac{1}{2}m{v_x}^2-a\frac{1}{x}=C$

2. $-\frac{1}{2}ka^2$

3. (1) $\frac{1}{4}ka^2b^2$　(2) $-\frac{1}{8}ka^2b^2$　(3) 0

4. すべて $-\frac{1}{2}k(a^2+b^2)$

5. (1) $2\pi af$　(2) 0

6. $\boldsymbol{F}=(-kx,\ -ky,\ -mg)$

7. 省略

8. 省略

9. $\frac{1}{2}ax^2y^2$

10. (1) $F_x=-4Ex(x^2-a^2)$　(2) $x=\pm a,\ x=0$　(3) $U(0)=0,\ U(\pm a)=-Ea^4$
(4) $x=0,\ x=\pm\sqrt{2}a$　(5) x 軸の負の方向　(6) $x=0$　(7) $x=-2a$
(8) $v=\sqrt{\frac{16Ea^4}{m}}$　(9) $v=\sqrt{\frac{18Ea^4}{m}}$

11. 25 g

12. (1) $A:\frac{9}{11}v_0,\ B:\frac{20}{11}v_0$　(2) $A:\frac{2}{11}v_0,\ B:-\frac{9}{11}v_0$

13. $\boldsymbol{L}=(-ma^2\omega,\ 0,\ 0)$

14. (1) 毎秒 25 回転　(2) 毎秒 4.3 回転

15. $\boldsymbol{L}=(0,\ 0,\ mav_0)$

16. 省略

17. (1) $L_z=mab\omega$　(2) $L_z=ma^2\omega-mab\omega\cos\omega t$
(3) $L_z=-ma^2\omega\sin\omega t(2\cos^2\omega t+1)$
ただし，(1), (2), (3) とも $L_x=L_y=0$

剛体

剛体 (rigid body) とは，大きさが有限で変形しない物体として定義されるものである．これまで扱ってきた質点 (point mass, material point) は大きさがない点であったので，違いは大きさがあるかどうかだけである．ただし，いかなる物質も力を加えると変形するので，厳密な意味での剛体は実際には存在しない．硬さが無限大の理想化された物体である．

6.1 剛体の運動方程式

質点に働く力は，複数あっても単純なベクトルの和で合成できる．力 $\boldsymbol{F}_1, \boldsymbol{F}_2, \boldsymbol{F}_3$ の合力は

$$\boldsymbol{F} = \boldsymbol{F}_1 + \boldsymbol{F}_2 + \boldsymbol{F}_3$$

である．これに対し，剛体に働く力の作用は単純な力の和を考えるだけではすまない．それは以下のような例を考えればわかる．

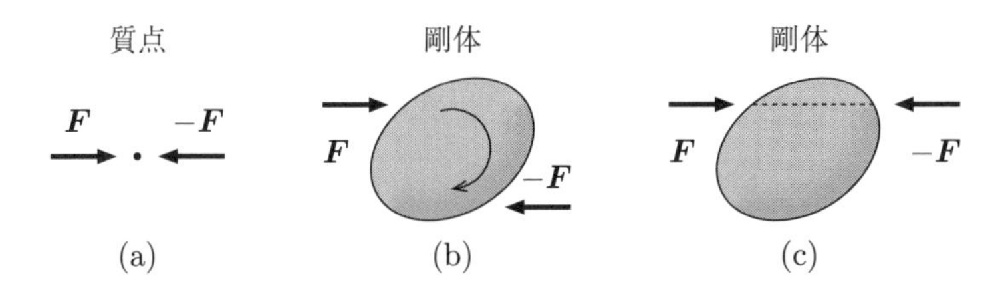

同じ大きさで逆向きの力があるとしよう．それが質点に働くのであれば，この力を合成すると $\boldsymbol{F} + (-\boldsymbol{F}) = \boldsymbol{0}$ となるので，何も力がないのと同じである (図 (a) 参照)．しかし，剛体の場合，図 (b) のようにずれた位置で力が働くと，$\boldsymbol{F} + (-\boldsymbol{F}) = \boldsymbol{0}$ にもかかわらず，何も力がないのと同じとはならない．剛体が回転するからである．図 (c) のように，2 つの力が真正面から向き合って働いていれば，物体は回転しないことは理解できるだろう．このときは，力の和がゼロなら何も力がないのと同じとしてよい．つまり，大きさのない質点と大きさのある剛体では，回転することができるという分だけ余分な何かが付け加わっているのである[*1]．したがって，剛体の運動については，質点と同様の運動である**並進運動** (translational motion) と，**回転運動** (rotational motion) の 2 つを考えなければならないということになる．

[*1] これを**自由度** (degree of freedom) という．

剛体の運動はどのような方程式で表されるかを考えてみよう．まず，簡単な例として，3つの球が(質量のない)棒でつながった物体を考える．球の質量を m_1, m_2, m_3 とし，それぞれに力 $\boldsymbol{F}_1$, $\boldsymbol{F}_2$, $\boldsymbol{F}_3$ が働いているとする．さらに，3つの球は棒でつながっているので，それを通じて力(糸の張力のようなものを想像すればよい)が働く．1つの球を押すと他の球もついてくるのは，この力のせいである．球1と球2の間に働く力は，たとえば球1に働く力を $\boldsymbol{T}_1$ とすると，球2には $-\boldsymbol{T}_1$ が働く(いわゆる作用反作用である)．このように棒を通じて働く力も含めて考えると，それぞれの球の運動方程式は

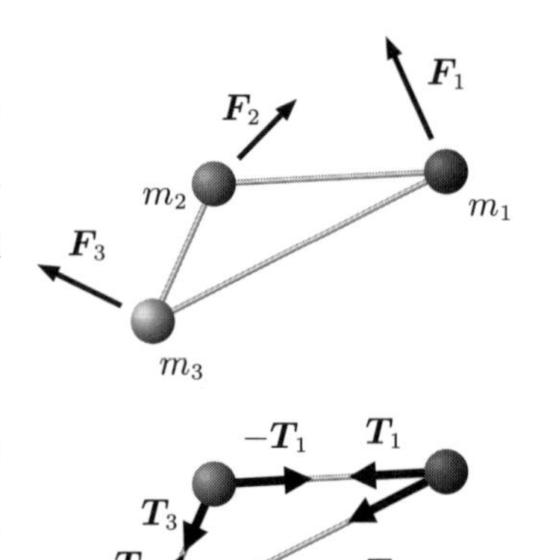

$$
\begin{cases}
m_1 \dfrac{d^2\boldsymbol{r}_1}{dt^2} = \boldsymbol{F}_1 + \boldsymbol{T}_1 + \boldsymbol{T}_2 \\
m_2 \dfrac{d^2\boldsymbol{r}_2}{dt^2} = \boldsymbol{F}_2 - \boldsymbol{T}_1 + \boldsymbol{T}_3 \\
m_3 \dfrac{d^2\boldsymbol{r}_3}{dt^2} = \boldsymbol{F}_3 - \boldsymbol{T}_2 - \boldsymbol{T}_3
\end{cases}
$$

としなければならない．$\boldsymbol{T}_1$, $\boldsymbol{T}_2$, $\boldsymbol{T}_3$ の大きさは簡単にはわからないが，3つの式の両辺とも和をとることで方程式から消去できる(異なる場所に働く力を単純に足してよいのかについては6.3節を参照)．すなわち

$$
m_1 \frac{d^2\boldsymbol{r}_1}{dt^2} + m_2 \frac{d^2\boldsymbol{r}_2}{dt^2} + m_3 \frac{d^2\boldsymbol{r}_3}{dt^2} = \boldsymbol{F}_1 + \boldsymbol{F}_2 + \boldsymbol{F}_3
$$

である．ここで

$$
\begin{aligned}
M &= m_1 + m_2 + m_3 \\
\boldsymbol{R} &= \frac{m_1\boldsymbol{r}_1 + m_2\boldsymbol{r}_2 + m_3\boldsymbol{r}_3}{m_1 + m_2 + m_3} \\
\boldsymbol{F} &= \boldsymbol{F}_1 + \boldsymbol{F}_2 + \boldsymbol{F}_3
\end{aligned}
\tag{6.1}
$$

と定義すると，運動方程式は

$$
M \frac{d^2\boldsymbol{R}}{dt^2} = \boldsymbol{F}
$$

となり，質点の運動方程式とまったく同じ形になる．右辺はすべての力の合力，左辺の M はすべての質量の和である．$\boldsymbol{R}$ は次節で説明するが，重心の位置を表している．厳密には，**重心** (center of gravity) ではなく**質量中心** (center of mass) と呼ぶのが正しいが，重心という用語の方がよく用いられるので，ここでは主に重心という言葉を用いる[*2]．運動方程式からわかる

[*2] いいやすいせいだと思うが，日本語では重心の方をよく使う．たとえば，座標の設定で「重心系」はよく使うが「質量中心系」はあまり使わない．重心と質量中心が異なるのは，地球に匹敵するぐらいの大きさの物体の場合である．一様な棒であっても，棒の右端と左端で重力の大きさが異なると，重心は重力の強い方にずれる．質量中心は常に棒の中央である．

のは，すべての力の合力を考えると，それは重心を運動させる力になるということである．重心は本当に1点なので，質点そのものである．つまり，これまで質点といっていたものは実は重心だったということである．上の運動方程式で表される重心の運動を**重心の並進運動**という．

次は，上記の3つの球からなる物体の回転運動について同じように考えてみよう．前章では運動方程式を変形して，角運動量 $\boldsymbol{L}$ と力のモーメント $\boldsymbol{N}$ で書かれた式を導いた．3つの球に対して同じように考えてみよう．

$$\begin{cases} \dfrac{d}{dt}(\boldsymbol{r}_1 \times \boldsymbol{p}_1) = \boldsymbol{r}_1 \times (\boldsymbol{F}_1 + \boldsymbol{T}_1 + \boldsymbol{T}_2) \\ \dfrac{d}{dt}(\boldsymbol{r}_2 \times \boldsymbol{p}_2) = \boldsymbol{r}_2 \times (\boldsymbol{F}_2 - \boldsymbol{T}_1 + \boldsymbol{T}_3) \\ \dfrac{d}{dt}(\boldsymbol{r}_3 \times \boldsymbol{p}_3) = \boldsymbol{r}_3 \times (\boldsymbol{F}_3 - \boldsymbol{T}_2 - \boldsymbol{T}_3) \end{cases}$$

左辺の ( ) の中は角運動量 $\boldsymbol{L}_1 = \boldsymbol{r}_1 \times \boldsymbol{p}_1, \cdots$ であり，右辺の第1項は力のモーメント $\boldsymbol{N}_1 = \boldsymbol{r}_1 \times \boldsymbol{F}_1, \cdots$ である．$\boldsymbol{r}_1 - \boldsymbol{r}_2$ と $\boldsymbol{T}_1$ が平行であることなどに注意して両辺の和をとると，

$$\frac{d}{dt}(\boldsymbol{L}_1 + \boldsymbol{L}_2 + \boldsymbol{L}_3) = \boldsymbol{N}_1 + \boldsymbol{N}_2 + \boldsymbol{N}_3$$

となり，やはり $\boldsymbol{T}_1, \boldsymbol{T}_2, \boldsymbol{T}_3$ のない式が得られる．角運動量と力のモーメントの総和を

$$\boldsymbol{L} = \boldsymbol{L}_1 + \boldsymbol{L}_2 + \boldsymbol{L}_3$$

$$\boldsymbol{N} = \boldsymbol{N}_1 + \boldsymbol{N}_2 + \boldsymbol{N}_3$$

とすると，剛体の回転運動は1つの運動方程式

$$\frac{d\boldsymbol{L}}{dt} = \boldsymbol{N}$$

で表される．剛体の角運動量の変化，すなわち回転運動がどうなるかはこの方程式を解けば得られる．これを**回転の運動方程式**と呼ぶ (6.4 節ではもっと簡単な形の式を導出する)．

たとえば，力の和 $\boldsymbol{F} = \boldsymbol{F}_1 + \boldsymbol{F}_2 + \boldsymbol{F}_3 = \boldsymbol{0}$ の場合を考えると重心の並進運動はなくなる*3．この場合にも一般には $\boldsymbol{N} = \boldsymbol{0}$ とはならないので，回転運動は生じる．重心は移動しないので，回転運動は重心を中心としたものになる．したがって，剛体の運動は次の2つの運動を合成したものであり，それぞれ1つの運動方程式で表される．

$$M\frac{d^2\boldsymbol{R}}{dt^2} = \boldsymbol{F} \quad \text{：重心の並進運動に関する運動方程式}$$

$$\frac{d\boldsymbol{L}}{dt} = \boldsymbol{N} \quad \text{：重心回りの回転運動に関する運動方程式}$$

ただし，タイヤのように回転軸に取り付けられている場合には，重心ではなく軸回りの回転になり，角運動量や力のモーメントは回転軸について考えればよい．重心回りの回転運動が見られるのは，宇宙ステーション内で宙に浮いている物体が回転する場合などである．

---

*3 本当は等速度運動であるが，話を簡単にするため速度はゼロであると考える．

おまけの話

力のモーメントを計算するための基準点 (原点) は適当にとってよいが，どこを基準にするかで値は異なる．$\boldsymbol{N}=\boldsymbol{0}$ になったとしても，回転運動が起きないとはいえない．基準点についての力のモーメントがゼロになるだけで，われわれのイメージする回転運動は起きることはある．回転しないときは間違いなく $\boldsymbol{N}=\boldsymbol{0}$ である．実際の運動は運動方程式を解いて得られるが，基準点を重心以外にとった場合は，解こうとするとかなり難しい (いわゆる慣性力も考慮する必要がある)．基準点を重心にとった場合は，慣性力による力のモーメントはゼロになる (慣性力は重心に働く) ので，考える必要がなくなる．また，軸回りの回転の場合は，基準点が重心でなくても，慣性力を考慮する必要はない (p.110 剛体振り子を参照)．

6.2 重心 (質量中心)

剛体の並進運動は重心の運動であるので，この節では重心をどのように求めるかについて説明する．まずは，前節で定義した $\boldsymbol{R}$ が重心であることを例で確認してみる．ただし，$\boldsymbol{R}=(X,Y,Z)$ として，x 座標の値 X のみ考える．

例 1　質量 m の質点 1，質量 $2m$ の質点 2 の重心

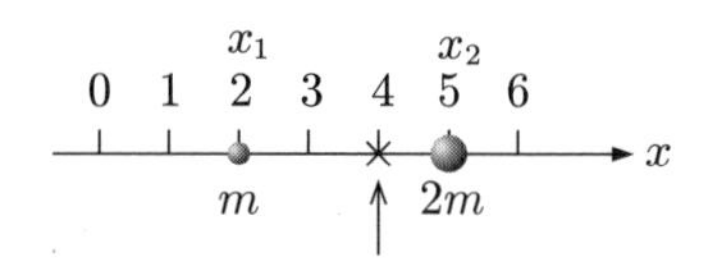

重心とはすべての質量がその 1 点に集まっていると考えてよい点のことである．この 2 つの質点でやじろべえを作ると，2:1 に内分する点で支えればちょうどつりあうことは知っているだろう．それはこの位置に重心があるからで，だからこそ，その 1 点を支えれば全体を支えることができるのである．質点 1, 2 がそれぞれ $x_1=2$，$x_2=5$ の位置にあるとすると，重心は $x=4$ にあるはずである．式 (6.1) が m_1 と m_2 しかないとして，x 成分の式を書くと，重心は

$$X=\frac{m_1x_1+m_2x_2}{m_1+m_2} \tag{6.2}$$

である．これに代入してみると

$$X=\frac{m\cdot 2+2m\cdot 5}{m+2m}=4$$

となり，確かに重心の位置になる．

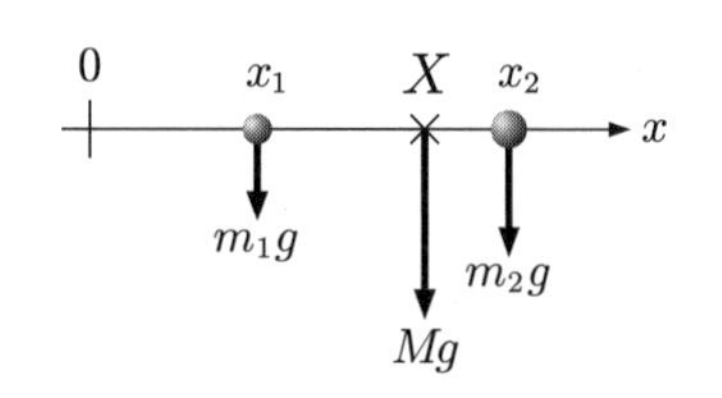

重心の位置は力のモーメントの観点で見ると考えやすい．質量 m_1, m_2 の 2 つの質点は，それらの重心の位置 X にある，質量 $M=m_1+m_2$ の 1 つの質点に置き換えることができる (重心とはそういう意味である)．図のような状況 (長い棒に 2 つのおもり m_1 と m_2 がつけられている) のとき，たとえば原点に関する力のモーメントを考えてみよう．2 つの質点にはそれぞれ重力 m_1g, m_2g が働く．位置が x_1, x_2 なので，それぞれの力のモーメントは $N_1=-x_1\cdot m_1g$, $N_2=-x_2\cdot m_2g$ である[*4]．一方，もしそれが位置 X にある質量 M の質点で置き換えられる

[*4] 上向きに y 座標をとると，力のモーメントの z 成分である．

ならば，その力のモーメントは 2 つの質点の和と同じでなければならない．すなわち

$$-XMg = -x_1 m_1 g - x_2 m_2 g \tag{6.3}$$

したがって

$$X = \frac{1}{M}(x_1 m_1 + x_2 m_2) = \frac{m_1 x_1 + m_2 x_2}{m_1 + m_2}$$

となる．

さて，式 (6.3) は 2 つの質点の重心を求める式であるが，たとえば N 個の質点からなる場合であれば，N 個の和にすればよいということは明らかなので，

$$M = \sum_{i=1}^{N} m_i$$

$$\boldsymbol{R} = \frac{1}{M}\sum_{i=1}^{N} m_i \boldsymbol{r}_i \tag{6.4}$$

となる．

例題 6.1 図のように，質量 $\frac{1}{2}m$，長さ l の一様な棒に，質量 $2m$ と m の人形を吊したモビール (動く装飾品) がある．バランスをとるように棒を吊すにはどこに糸をつければよいか．その位置を求めよ．

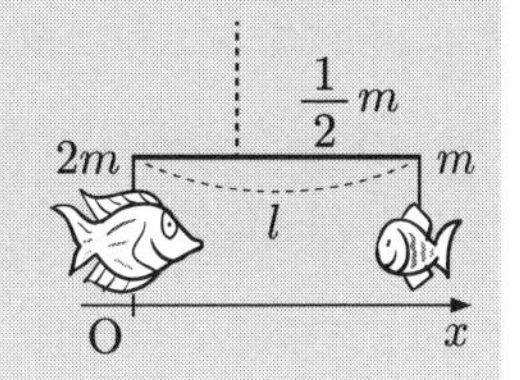

解答 図のように座標をとる．棒の重心は $x = l/2$，小さい人形の重心は $x = l$ である．したがって，全体の重心は

$$M = \frac{1}{2}m + 2m + m$$

$$= \frac{7}{2}m$$

$$X = \frac{1}{M}\left(2m \cdot 0 + \frac{m}{2} \cdot \frac{l}{2} + m \cdot l\right)$$

$$= \frac{5}{14}l$$

■

剛体の重心

いくつかの球を軽い棒でつないだような物体であれば，その重心は式 (6.4) で簡単に計算できる．しかし，中身の詰まった普通の物体の重心は単純な和ではなく，積分でなければ計算できない．積分で求める式は以下のように導くことができる．

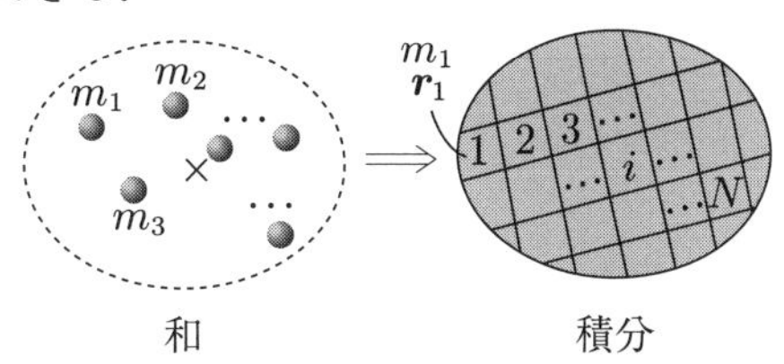

物体を，それぞれが質点とみなせるぐらいの大きさで細かく切る．切った個数を N 個とすると，重心の計算には式 (6.4) がそのまま使える．1 つ 1 つの切れはしの質量 m_i は密度 ρ (通常は定数と

する) と切れはしの体積 ΔV_i を用いて，$m_i = \rho\,\Delta V_i$ と書ける．すると

$$M = \sum_{i=1}^{N} \rho\ \Delta V_i$$

$$\boldsymbol{R} = \frac{1}{M} \sum_{i=1}^{N} \rho\, \boldsymbol{r}_i\, \Delta V_i$$

となる．ここで ΔV_i が小さい極限をとって積分の式に置き換えると

$$M = \int \rho\ dV$$

$$\boldsymbol{R} = \frac{1}{M} \int \rho\, \boldsymbol{r}\ dV$$

が得られる．この dV による積分を体積積分 (volume integral) といい，積分範囲は物体全体である．なお，切れはしの体積は微小体積と呼ばれる．

体積積分の例をあげる．たとえば，立方体の体積を積分で求めることを考えよう．図のように配置し，各辺の長さが dx, dy, dz になるように細かく切る．この1つの体積が dV であり，$dV = dxdydz$ である．すると，積分 $\int dV$ は微小体積を立方体全体で和をとることになるので，体積そのものになるはずである．実際に，

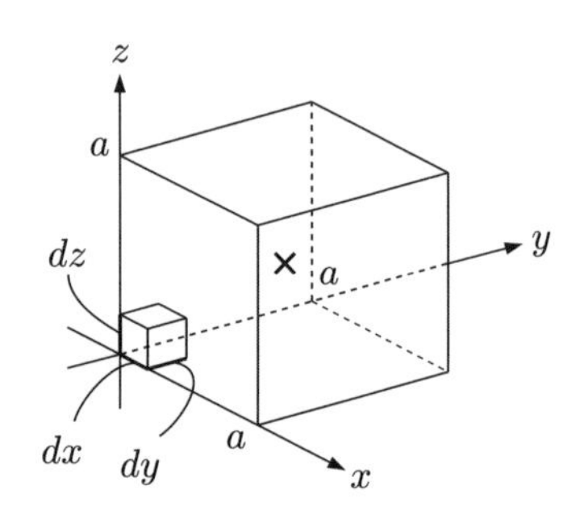

$$\int dV = \int dxdydz = \int_0^a dx \int_0^a dy \int_0^a dz = a^3$$

となり，確かに体積が得られる[*5]．ただし，上記のような積分の形になるのは直方体だけである (以降の例を見ればわかる)．

では，重心を積分で求めてみよう．

例2　丸い棒の重心

長さ l，断面積 S，密度 ρ とする．一様な丸い棒の重心は，計算しなくても棒の中心軸上で一端から $l/2$ の距離にあることは明らかであるが，後の参考のために例としてやっておく．まず，中心軸上であることは最初からわかっていて，棒の端からの位置が不明であるとしよう．計算を簡単にするために[*6]，x 軸上のどこかが重心となるように，棒を配置する (図を参照)．すると，重心 y, z 座標は0であるので，x 座標だけを積分で求めればよいことになる．次に，座標 x の位置で，物体を幅 dx 分だ

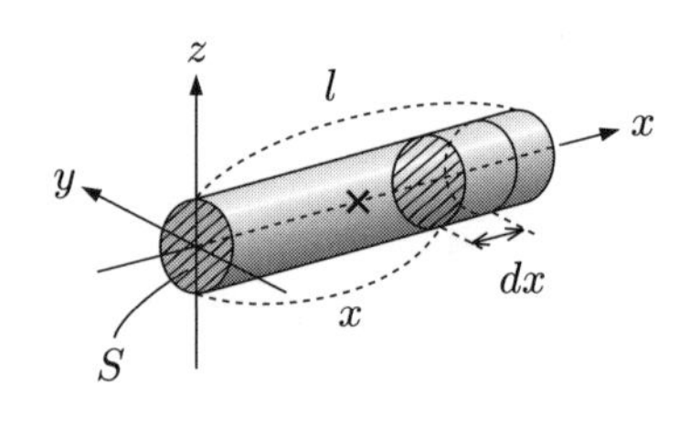

[*5] $\iiint dxdydz$ のように，積分記号を三重に重ねることも多い．

[*6] 上手に設定すれば間違いが減るのである．

け切り落とす[*7]．この体積が dV であり，切った形は円板であることから $dV = S\,dx$ となる．後は dV を重心の式に代入して積分すればよい．

$$\begin{aligned} X &= \frac{1}{M}\int \rho x\,dV \\ &= \frac{\rho S}{M}\int_0^l x\,dx \qquad \left(M = \rho S l\right) \\ &= \frac{1}{2}l \end{aligned}$$

積分範囲は物体のある範囲 $(0 \leq x \leq l)$ をとる．また，全質量 M は棒の密度と体積から得られるので，なるべく早めに計算しておくとよい．

例 3　半円板の重心

半径 a，厚さ b，密度 ρ とする．形状から，半円板の対称軸上のどこかに重心があることが明らかなので，図のように配置する．重心の x 座標だけを積分で求めればよい．x の位置で切った部分 (直方体と考える) の体積は $dV = 2b\sqrt{a^2 - x^2}\,dx$ となるので，

$$\begin{aligned} X &= \frac{1}{M}\int_0^a \rho x \cdot 2b\sqrt{a^2 - x^2}\,dx \\ &= \frac{4}{3\pi}a \end{aligned}$$

である．なお，半円板の全質量は $M = \rho\pi a^2 b/2$ である．

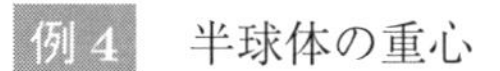
例 4　半球体の重心

半径 a，密度 ρ とする．重心が x 軸上にあるように，図のように配置する．x の位置で切った部分 (円板と考える) の体積は $dV = \pi(a^2 - x^2)\,dx$ となるので，

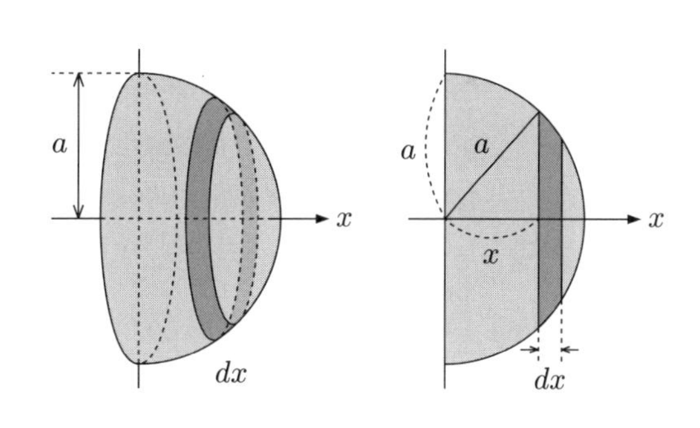

$$\begin{aligned} X &= \frac{1}{M}\int_0^a \rho x \cdot \pi(a^2 - x^2)\,dx \\ &= \frac{3}{8}a \end{aligned}$$

である．なお，半球体の全質量は $M = 2\rho\pi a^3/3$ である．

例題 6.2　高さが h の円錐の重心は，底面から $\dfrac{1}{4}h$ の位置にあることを示せ．

解答　円錐の底面の半径を a，密度を ρ，質量を M とおく．図のように配置すると，重心の x 座標は次式で与えられる．

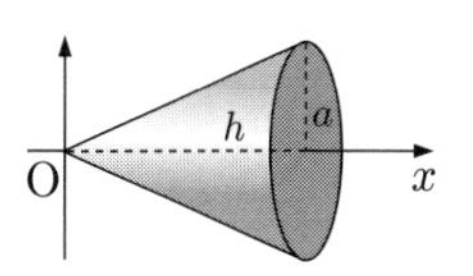

$$X = \frac{1}{M}\int \rho x\,dV$$

[*7] dy と dz は x 座標を求めるときには考える必要がない．y,z 軸について細かく切った後で，同じ x 座標にある部分を集めて円板を構成したと考えてもよい．

$$= \frac{1}{M}\int_0^h \rho x \cdot \pi\left(\frac{ax}{h}\right)^2 dx$$
$$= \frac{\pi\rho a^2}{Mh^2}\int_0^h x^3 dx \qquad \left(M = \frac{1}{3}\pi a^2 h\rho\right)$$
$$= \frac{3}{4}h$$

重心が $x = \dfrac{3}{4}h$ にあるので，底面からは $\dfrac{1}{4}h$ である．

円錐や三角錐などの重心は，図のようなきれいな形でなくてゆがんだ形であっても，底面から $\dfrac{1}{4}h$ の位置にある．

6.3　力のつりあい

剛体の運動方程式

$$M\frac{d^2\boldsymbol{R}}{dt^2} = \boldsymbol{F}\ , \quad \frac{d\boldsymbol{L}}{dt} = \boldsymbol{N}$$

おまけの話

さて，剛体の場合は力の働く点が異なるのに，単純な和を考えるだけでよいのだろうか．力 $\boldsymbol{F}$ を加える点を作用点，その点を通り力 $\boldsymbol{F}$ と平行な直線を作用線という．$\boldsymbol{F}$ はその作用線上を移動できることはよく知られている．反対側から力を加えるとちょうど打ち消しあうのは，作用線上を移動すれば1点に働く2つの力となるということから理解できるだろう．

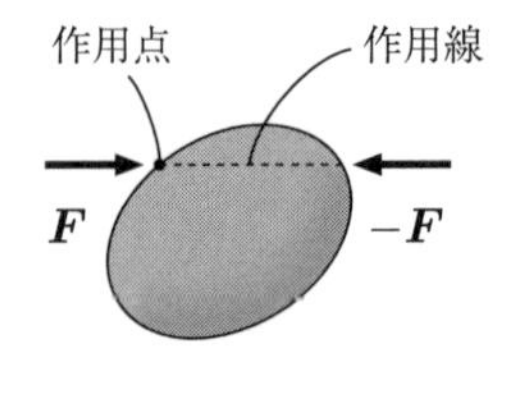

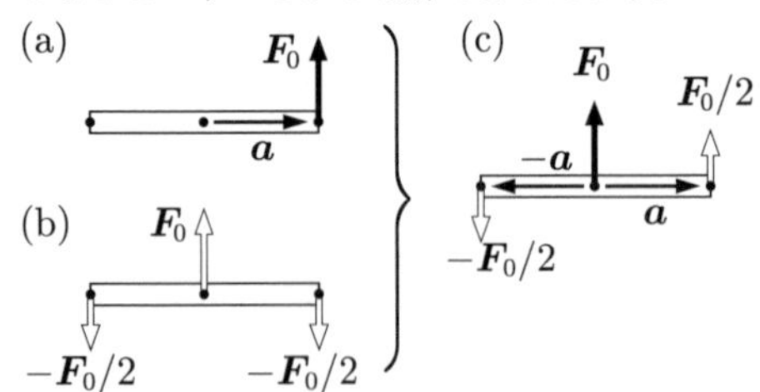

作用点は作用線上以外にも移動できる．たとえば図 (a) のような力 $\boldsymbol{F}_0$ が働いているとする．これを重心の位置に移動しよう．図 (b) の3つの力は明らかにつりあっているので，加えても加えなくても何も変わらない．この2つを組み合わせると，図 (c) となり，元の力 $\boldsymbol{F}_0$ が重心に働くとみなすことができる．残りの力は同じ大きさで逆向きの力で偶力と呼ばれる．この余分な偶力の効果は力のモーメントの和 $\boldsymbol{N}$ にしか現れず，結果はもとの力のモーメントに等しい．たとえば，力の和と重心についての力のモーメントの和を移動の前後で計算してみると

$$\text{移動前}\begin{cases}\boldsymbol{F} = \boldsymbol{F}_0 \\ \boldsymbol{N} = \boldsymbol{a}\times\boldsymbol{F}_0\end{cases}$$

$$\text{後}\begin{cases}\boldsymbol{F} = \boldsymbol{F}_0 + \dfrac{1}{2}\boldsymbol{F}_0 - \dfrac{1}{2}\boldsymbol{F}_0 \\ \quad = \boldsymbol{F}_0 \\ \boldsymbol{N} = \boldsymbol{a}\times\dfrac{1}{2}\boldsymbol{F}_0 + (-\boldsymbol{a})\times\left(-\dfrac{1}{2}\boldsymbol{F}_0\right) \\ \quad = \boldsymbol{a}\times\boldsymbol{F}_0\end{cases}$$

となり，合力と力のモーメントの和を一切変更せずに，作用点を重心に移動できたことになる (偶力の大きさを工夫することで，作用点はどこにでも移動できる)．このように，剛体の運動においては，作用点とは無関係に力の和と力のモーメントの和を計算し，合力は重心に働き，力のモーメントは重心回りの回転を引き起こすと考えればよい．

の最も単純な例が，剛体が静止している場合である[*8]．静止するための条件は

$$\boldsymbol{F}=\boldsymbol{0}: \text{すべての力の合力が}\,\boldsymbol{0}$$
$$\boldsymbol{N}=\boldsymbol{0}: \text{すべての力のモーメントの和が}\,\boldsymbol{0}$$

これが，剛体に働く力がつりあった状態である．質点の場合は $\boldsymbol{F}=\boldsymbol{0}$ だけであったが，剛体には移動せずに回転だけすることが可能なので，そういう回転運動もないということを示すために力のモーメントの条件が加わっている．

剛体に働く力のつりあいについて，例題を 2 つあげる．つりあった状態では運動が生じないので，物理としてはつまらない問題であるが，力のモーメントを理解する上では役に立つ．

例 1 静止した半球体

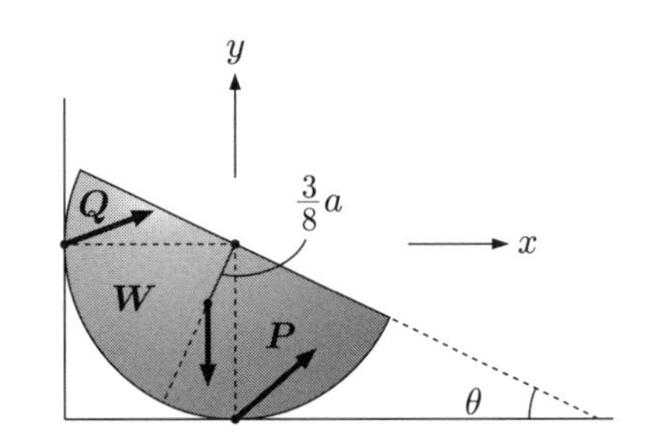

図のように，摩擦のない壁と摩擦のある床に接して，傾いた状態で静止している半球体がある．半球の平らな面と床のなす角を θ とする．このとき，つりあいの条件だけから，床と壁から働く力が求まってしまう．

まずは，半球に働く力をリストアップしよう．床からの力を $\boldsymbol{P}$，壁からの力を $\boldsymbol{Q}$，重力を $\boldsymbol{W}$ とする．ここで，$W=|\boldsymbol{W}|$ は重力の大きさで重さと呼ぶ．半球の質量 m とは $W=mg$ の関係にある．x, y, z 成分に分解すると

$$\begin{aligned}\boldsymbol{P}&=(\ P_x\ ,\ P_y\ ,\ 0\ )\\ \boldsymbol{Q}&=(\ Q_x\ ,\ Q_y\ ,\ 0\ )\\ \boldsymbol{W}&=(\ 0\ ,-W\ ,\ 0\ )\end{aligned}$$

となる．壁に摩擦がないという条件から $Q_y=0$ であるので，未知なものは P_x, P_y, Q_x の 3 つである．このような問題に慣れている学生は，$\boldsymbol{P}$ の向きを予想して，あらかじめ正負の符号を入れてしまうかもしれない．注意して計算できればよいのだが，間違う者も多い．ベクトルを使った計算は，最初から予想しなくても正しい答が得られるようになっているので，未知なものはすべての成分を正 (右上向き) としておいた方が間違いが少ない．答が正しい向きを教えてくれる．

力のつりあいの条件は

$$\begin{aligned}\boldsymbol{F}&=\boldsymbol{P}+\boldsymbol{Q}+\boldsymbol{W}=\boldsymbol{0}\\ \boldsymbol{N}&=\boldsymbol{N}_P+\boldsymbol{N}_Q+\boldsymbol{N}_W=\boldsymbol{0}\end{aligned}\tag{6.5}$$

である．ここで，$\boldsymbol{N}_P=\boldsymbol{r}_P\times\boldsymbol{P}$, $\boldsymbol{N}_Q=\boldsymbol{r}_Q\times\boldsymbol{Q}$, $\boldsymbol{N}_W=\boldsymbol{r}_W\times\boldsymbol{W}$ であり，$\boldsymbol{r}_P$, $\boldsymbol{r}_Q$, $\boldsymbol{r}_W$ はそれぞれの力の働く点の位置ベクトルである．

$\boldsymbol{N}$ を具体的に計算するために，原点を決めよう．この場合は球の中心を原点にとると計算

[*8] 正しくは等速度運動かつ等速回転であるが，簡単にするために静止している場合のみを考える．

が楽になる[*9].

$$\boldsymbol{r}_P = (0,\ -a,\ 0)$$
$$\boldsymbol{r}_Q = (-a,\ 0,\ 0)$$
$$\boldsymbol{r}_W = \left(-\frac{3}{8}a\sin\theta,\ -\frac{3}{8}a\cos\theta,\ 0\right)$$

であるが，$\boldsymbol{r}_Q // \boldsymbol{Q}$ なので，計算しなくても $\boldsymbol{N}_Q = \boldsymbol{0}$ である．残りは

$$\boldsymbol{N}_P = (0,\ 0,\ aP_x)$$
$$\boldsymbol{N}_W = \left(0,\ 0,\ \frac{3}{8}aW\sin\theta\right)$$

である．したがって，式 (6.5) は成分で書くと

$$P_x + Q_x = 0$$
$$P_y - W = 0$$
$$aP_x + \frac{3}{8}aW\sin\theta = 0$$

となる．式 (6.5) は 2 つのベクトルの式なので，成分に分解すれば，本来は 6 つの式になる．しかし，力が xy 面内にあるときは，力のつりあいから 2 つ，力のモーメントのつりあいから 1 つの式しか得られない．残りは $0 = 0$ という自明な式になる．この連立方程式を解けば

$$\boldsymbol{P} = \left(-\frac{3}{8}W\sin\theta,\ W,\ 0\right)$$
$$\boldsymbol{Q} = \left(\ \frac{3}{8}W\sin\theta,\ 0,\ 0\right)$$

が得られる．力 $\boldsymbol{P}$ の向きは左上向きであったことが答からわかる．

例 2　合力の作用点

力のつりあいの応用として，作用点を求める問題も考えてみよう．図のように，床の上に棒があるとする．何も力を加えないときは重力のみなので，床からの抗力 $\boldsymbol{R}$ の作用点はちょうど重心の真下にある．ここで，棒の左端に下向きの力 $\boldsymbol{F}$ を加えたときに，抗力はどうなるだろうか．棒は静止しているので，重力 $\boldsymbol{W}$，手の力 $\boldsymbol{F}$，抗力 $\boldsymbol{R}'$ がつりあっていることになる．したがって，

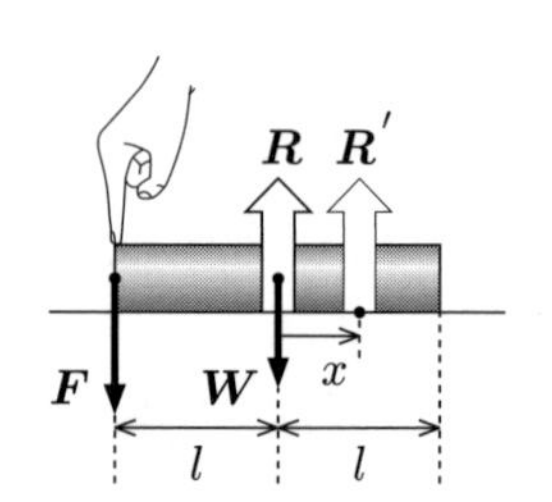

$$\boldsymbol{F} + \boldsymbol{W} + \boldsymbol{R}' = \boldsymbol{0}$$

なので，$\boldsymbol{R}' = -(\boldsymbol{F} + \boldsymbol{W})$ は上向き，大きさは $\boldsymbol{F}$ と $\boldsymbol{W}$ の和に等しい．また，抗力 $\boldsymbol{R}'$ の作用点と合力 $\boldsymbol{F} + \boldsymbol{W}$ の作用点は同じ作用線上になければならない．作用線上のどこかはわからないので，作用点の位置 (xy 座標) を確定することはできない．ここでは棒と床との接触面上に

[*9] 力のモーメントを計算するための基準点は適当にとってよい．どこを基準にするかで結果が変わることはない．力のつりあった状態では，基準点をどこにとっても $\boldsymbol{N} = 0$ でなければならないので，心配は不要である．

作用点があるとして，x 座標のみを求める．棒の重心の位置を $x = 0$ として，作用点は座標 x の位置にある ($x > 0$ とは限らない) とすると，力のモーメント (の z 成分) は

$$lF + xR' = 0$$

となる．したがって

$$x = -\frac{F}{R'}l = -\frac{F}{F+W}l$$

である．すなわち，合力 $\boldsymbol{F}+\boldsymbol{W}$ (抗力 $\boldsymbol{R}'$ も同じ) の作用点は，重心の左側 (距離は $Fl/(F+W)$) にあったことがわかる．

6.4　慣性モーメント

剛体の回転運動は，6.1 節で導いた回転の方程式

$$\frac{d\boldsymbol{L}}{dt} = \boldsymbol{N}$$

で表される．$\boldsymbol{L}$, $\boldsymbol{N}$ はベクトルなので，成分に分解すると 3 つの方程式になる．しかし実際には 3 成分すべてを考えなければならない状況は少ない．たとえば，図のように，ある点 O を中心に半径 r，角速度 ω の回転運動をしている球があったとする．座標軸をどうとるかは自由なので，原点を O，回転運動が xy 面内になるように座標を設定する．すると，角運動量は

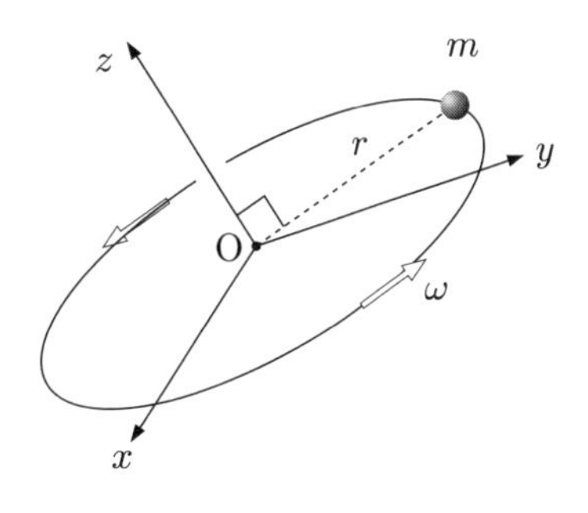

$$\boldsymbol{L} = (0,\ 0,\ mr^2\omega)$$

となる．この球に働く力がやはり xy 成分しかもたなければ，力のモーメント $\boldsymbol{N}$ は z 成分のみになる．したがって，回転の運動方程式は

$$\frac{dL_z}{dt} = N_z$$

だけになる．他にも，たとえば決まった回転軸があってそれを中心に回転するような剛体では，軸の方向に z 軸をとれば，やはり回転の運動方程式は z 成分だけになる[*10]．この章で扱う問題は，このように角運動量も力のモーメントも 1 成分だけ考えればよいものだけである．以後，L_z, N_z を簡単に L, N と書くことにする．

角運動量 L を角速度 ω とそれ以外の部分に分け，

$$L = I\omega$$

とおく．この I を**慣性モーメント** (moment of inertia) と呼ぶ．質量 m の球が半径 r で回転する場合は

*10 剛体の場合は平面内の運動，平面内の力ではないので，本当は z 成分だけではすまない．回転軸から受ける力も考える必要があり，問題は複雑になる．気になる者は z 成分のみを取り出したと理解しておいてほしい．

$$I = mr^2$$

である．後で示すように，どのような剛体でも常に角運動量を慣性モーメントと角速度の積に分けることができ，慣性モーメントは剛体ごとに異なる定数になる．つまり，回転運動の変数は角速度 ω だけであるので，運動方程式は

$$I\frac{d\omega}{dt} = N$$

と書ける (角速度 ω と物体の回転角 θ は $\omega = \dfrac{d\theta}{dt}$ という関係である).

回転の運動方程式を扱うときには，まず I を知らなければならないので，ここでは慣性モーメント I の求め方を説明する．まず，複数の質点が同じ角速度で回転しているとしよう．角運動量は

$$L = \sum_i m_i r_i^2 \omega = \left(\sum_i m_i r_i^2\right)\omega$$

となるので，

$$I = \sum_i m_i r_i^2$$

である．6.2 節で重心を積分で求めたのと同様に，剛体を細かく分けてそれぞれが上記の質点に対応すると考え，質量 m_i を密度 ρ と体積 dV で書き直せば，積分の式に変えることができる．

$$I = \int \rho r^2\, dV \tag{6.6}$$

ここで，r は回転軸 (いまは z 軸と考える) からの距離であり，原点からの距離ではない．dV は半径 r の位置にある微小体積である．慣性モーメントの求め方を理解するために，具体的な例をあげる．ただし，以下では常に ρ は一定であるとする．

例 1　細い棒の慣性モーメント

質量 M，長さ $2l$，断面積 S の丸い棒を，その中央 (重心) を通って，棒と垂直な軸の回りに回転させるときの慣性モーメントを積分で計算してみよう．

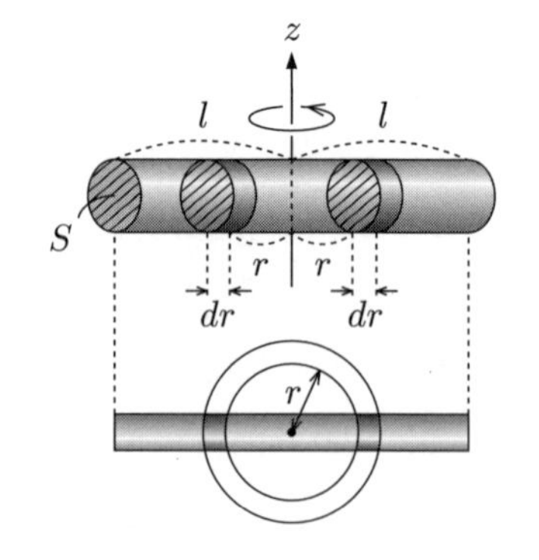

積分は変数 r について行うと想定する．そこで，半径 r の位置で幅 dr の領域を考え物体を切り出す．切り出した体積が dV である．切り出された部分は面積 S，厚さ dr の円柱が 2 つなので，$dV = 2S\,dr$ である．これを式 (6.6) に代入して積分すると

$$\begin{aligned} I &= \int \rho r^2\, dV \\ &= 2\rho S \int_0^l r^2\, dr \end{aligned}$$

$$= \frac{1}{3}Ml^2 \qquad \Big(M = 2\rho Sl\Big)$$

が得られる．この結果だけを見ると断面積 S と無関係に見える．しかし，棒が太すぎると，切り出した部分が円柱とは見なせなくなるので，この計算は正しくない．細いことが必要なのである[*11]．

例 2　円板の慣性モーメント

質量 M，半径 a，厚さ b の円板を，その中心を通って，円板と垂直な軸の回りに回転させるときの慣性モーメントを求める．半径 r の位置で幅 dr で円形に切り出すと，リング状になるが，これをまっすぐに伸ばして直方体にする．この体積が dV である．直方体は 3 辺が dr，b，$2\pi r$ なので，$dV = 2\pi br\,dr$ である．したがって

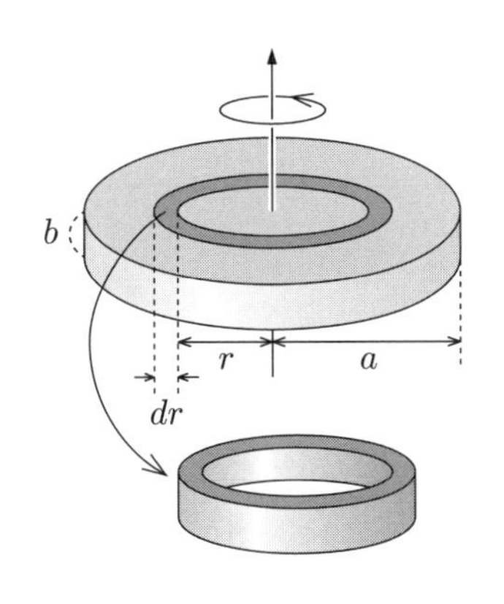

$$I = 2\pi\rho b\int_0^a r^3\,dr$$
$$= \frac{1}{2}Ma^2 \qquad \Big(M = \rho\pi a^2 b\Big)$$

となる．円板の慣性モーメント I には厚さ b が含まれていないので，厚さには無関係である[*12]．したがって，円柱に対して同様の回転をさせる場合の慣性モーメントも同じ値である．また，例 1 の丸い棒も棒の中心軸の回りに回転させると，やはり $\frac{1}{2}Ma^2$ である (a は棒の半径として)．

例 3　球の慣性モーメント

質量 M，半径 a の球を，その中心を通る軸の回りに回転させるときの慣性モーメントを求める．半径 r の位置で幅 dr で円形に切り出すと，筒状 (木の年輪一皮分) になるが，やはりまっすぐに伸ばして直方体にする．この体積が dV である．直方体の 3 辺は dr, $2\pi r$, $2\sqrt{a^2 - r^2}$ なので, $dV = 4\pi r\sqrt{a^2 - r^2}\,dr$ である．したがって

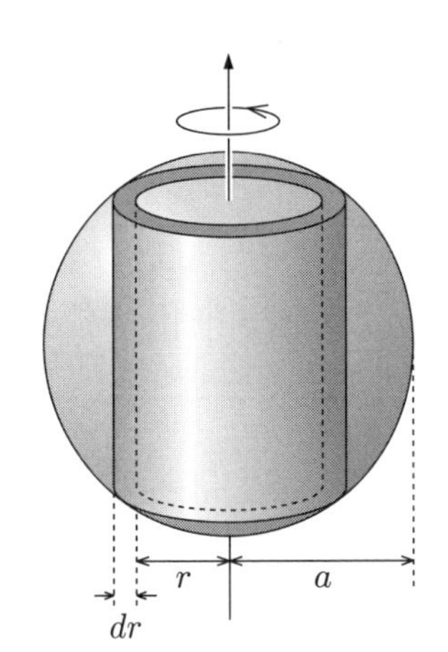

$$I = 4\pi\rho\int_0^a r^3\sqrt{a^2 - r^2}\,dr$$
$$= \frac{2}{5}Ma^2 \qquad \Big(M = \frac{4}{3}\pi\rho a^3\Big)$$

となる．

3 つの例を見てみると，すべて

$$I = (係数) \times (質量) \times (長さ)^2$$

*11 断面積は消えてしまうので，最初から密度の代わりに線密度 (単位長さあたりの質量) を使って計算することもできる．

*12 このため，密度の代わりに面密度 (円板を上から見たときの単位面積あたりの質量) を使って計算することもできる．

いろいろな物体の重心回りの慣性モーメント（密度 ρ は一定とする）

形状	慣性モーメント	軸
長さ $2l$ の細い棒	$\frac{1}{3}Ml^2$	l　l
辺の長さが $2a$, $2b$ の長方形板	$\frac{1}{3}M(a^2+b^2)$	$2a$　$2b$
辺の長さが $2a$, $2b$ の薄い長方形板	$\frac{1}{3}Ma^2$	$2a$　$2b$（板と平行）
辺の長さが $2a$, $2b$, $2c$ の直方体	$\frac{1}{3}M(a^2+b^2)$	$2a$　$2b$　$2c$
半径 a の細い円環	Ma^2	a
半径 a の円板	$\frac{1}{2}Ma^2$	a
半径 a の薄い円板	$\frac{1}{4}Ma^2$	a（板と平行）
外径 a，内径 b の中空円板	$\frac{1}{2}M(a^2+b^2)$	a　b
半径 a の円柱	$\frac{1}{2}Ma^2$	a　b
外径 a，内径 b の中空円柱	$\frac{1}{2}M(a^2+b^2)$	a　b
半径 a の球	$\frac{2}{5}Ma^2$	a
外径 a，内径 b の球殻	$\frac{2M(a^5-b^5)}{5(a^3-b^3)}$	a　b
半径 a の薄い球殻	$\frac{2}{3}Ma^2$	a
半径 a，高さ h の円錐	$\frac{3}{10}Ma^2$	h　a

重心を通らない軸や，円柱，円錐の中心軸と垂直な軸の回りの慣性モーメントは，6.6節を参照.

の形になり，物体の形の違いは係数の違いに現れる．慣性モーメントは質点の回転運動の値 $I = mr^2$ を集めたものなので，この形以外にはあり得ない．つまり，次元が ML^2 ということである．異なる次元になった場合は，計算を間違えている．

いろいろな物体の慣性モーメントを前ページにまとめておく．また，慣性モーメントを求める上で，いくつか役に立つ事柄があるので，それについては6.6節を参照してほしい．

6.5 剛体の回転運動

力のモーメント N，慣性モーメント I がわかったので，回転の運動方程式

$$I\frac{d\omega}{dt} = N$$

を解く準備が整った．剛体の回転運動では2つの例をあげる．

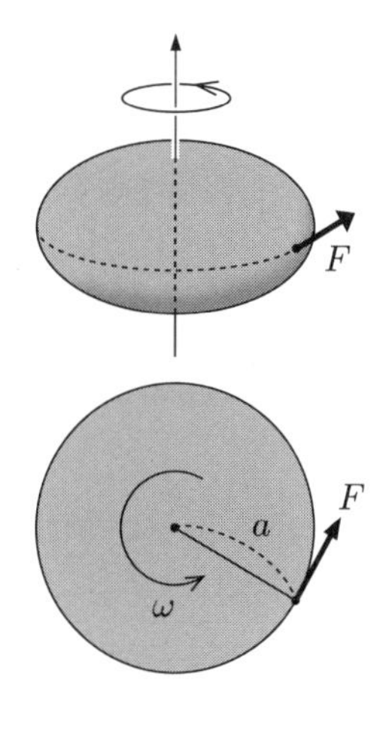

例1 1つの軸の回りの回転

タイヤやコマなど，身の回りにある物体の回転運動のほとんどはこのタイプである．簡単のために，慣性モーメントは I とおく．必要なら最後に代入すればよい．回転させる物体は，上から (回転軸の方向から) 見ると半径 a の円形であるとする．円周上の点で，一定の大きさ F の力を接線方向に加えたときの運動を考えよう．まず，回転軸に関する力のモーメントを求める．適当に座標をとって，外積の計算をしてもよいが，力は半径方向と垂直であることから，力のモーメントの大きさは簡単にわかり，$N = aF$ である．したがって，運動方程式は

$$I\frac{d\omega}{dt} = aF$$

となる．I, a, F すべて定数なので，これを解くのは簡単であるが，復習のために書いておこう．

$$\int d\omega = \int \left(\frac{aF}{I}\right) dt$$

$$\therefore \quad \omega = \left(\frac{aF}{I}\right) t + C_1$$

$$\int d\theta = \int \left\{\left(\frac{aF}{I}\right) t + C_1\right\} dt$$

$$\therefore \quad \theta = \frac{1}{2}\left(\frac{aF}{I}\right) t^2 + C_1 t + C_2$$

となる．この解は，等加速度運動をする質点と同じであることに気がつくだろう．したがって，

この回転運動は等角加速度運動ということになる．実際に，等加速度運動の場合の式は

$$\text{運動方程式} : m\frac{d^2x}{dt^2} = F$$

$$\text{解} \quad : x = \frac{1}{2}\left(\frac{F}{m}\right)t^2 + C_1 t + C_2$$

であったので，

回転	運動方程式 $I\dfrac{d^2\theta}{dt^2} = aF, \quad I\dfrac{d\omega}{dt} = aF$	角度 θ	角速度 $\omega = \dfrac{d\theta}{dt}$
質点	運動方程式 $m\dfrac{d^2x}{dt^2} = F, \quad m\dfrac{dv}{dt} = F$	位置 x	速度 $v = \dfrac{dx}{dt}$

という対応で一致することがわかる．積分定数 C_1, C_2 は初期条件を使って決めるということも，質点の場合と同じである．

また，回転運動の運動エネルギーは計算しなくてもわかる．質点の運動エネルギー $\frac{1}{2}mv^2$ に

$$x \longleftrightarrow \theta \qquad v \longleftrightarrow \omega \qquad m \longleftrightarrow I$$

という置き換えをすれば，回転運動のエネルギー

$$\frac{1}{2}I\omega^2$$

が得られる．なぜなら，質点に対してエネルギー保存則を導いたのとまったく同じ計算をすればよいからである．

例題 6.3　図のように，質量 m，半径 a の円柱が角速度 ω_0 で回転している．これにブレーキを押しつけ，一定の大きさ F_0 の摩擦力を加える．

(1)　回転の運動方程式を書け．

(2)　運動方程式を解いて，停止する時刻を求めよ．

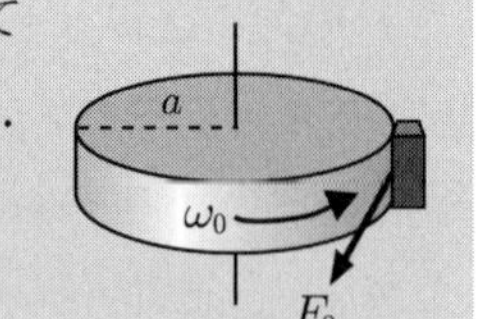

解答　(1) 図で上向きに z 軸をとれば，回転は正 (反時計回り) 方向，ブレーキの力のモーメントの z 成分は負になるので，

$$I\frac{d\omega}{dt} = -aF_0 \quad \left(I = \frac{1}{2}ma^2\right)$$

(2) ブレーキを押しつけた時刻を $t = 0$ とする．

$$\int I\,d\omega = -\int aF_0\,dt$$

$$I\omega = -aF_0 t + C$$

初期条件：$t = 0$ で $\omega = \omega_0$ なので

$$I\omega_0 = -aF_0 \cdot 0 + C \quad \to \quad C = I\omega_0$$

$$\therefore \quad \omega = -\frac{aF_0}{I}t + \omega_0$$

$$= -\frac{2F_0}{ma}t + \omega_0$$

停止するのは $\omega = 0$ なので

$$0 = -\frac{2F_0}{ma}t + \omega_0 \qquad \therefore \quad t = \frac{ma\omega_0}{2F_0}$$

例 2 斜面を転がる円板

円板が斜面を転がり落ちる場合，重心の移動と回転運動が同時に起きることになるので，2つの運動方程式を同時に解く必要がある*13．この例題が，回転運動を扱う問題の中で，最も物理的に意味のあるものである．

円板の半径 a, 質量 M, 斜面の角度 α とする．斜面を下る方向に x 軸をとり，最初の位置を $x = 0$, 角度を $\theta = 0$ とおく．考えるものは，斜面方向の重心の運動と，円板の回転運動である．円板に働く力は重力と，斜面上向きに働く摩擦力である．摩擦力の大きさを F とおく．力のモーメントは円板の中心 (重心) について考える．円板の中心が移動することが気になる人もいるかもしれないが，摩擦力による力のモーメントは円板が移動しても常に一定値 aF なので問題ない．したがって，運動方程式は

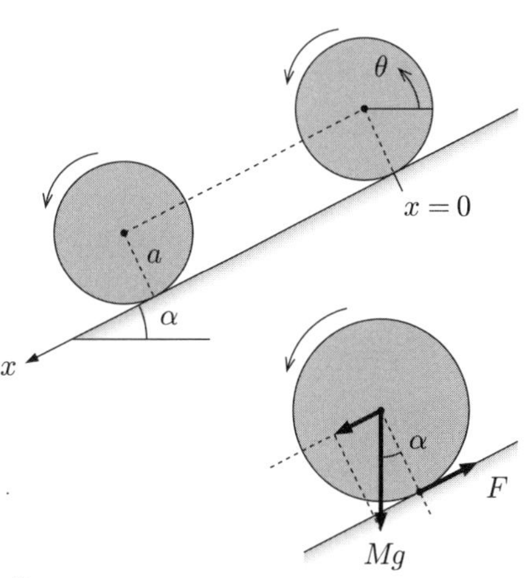

$$\text{重心の並進運動} \quad : \quad M\frac{d^2x}{dt^2} = Mg\sin\alpha - F$$

$$\text{重心回りの回転運動} \quad : \quad I\frac{d\omega}{dt} = aF$$

である．

摩擦力の大きさ F は，この問題では不明であるとする．そこで，まず F を消去しておく．すると

$$M\frac{d^2x}{dt^2} = Mg\sin\alpha - \frac{I}{a}\frac{d\omega}{dt}$$

となる．しかしこの式には x, ω (あるいは θ) の 2 つの変数があり，これまでと同じようには解くことができない．その理由は物理的には明らかである．もし摩擦がなければ回転せずに滑り落ちる．摩擦が大きければ回転しながら落ちる．その中間の，少し滑り少し回転する運動もすべて，上の方程式の解に含まれるので，簡単に解けないのは当然だと思えるだろう．

上の方程式を解くために，新しい条件を追加する．転がり落ちるときに円板は滑らないものとする．すると，回転角 θ と中心の位置 x の間には

$$x = a\theta$$

*13 摩擦のない宇宙空間で起きる運動では，重心の並進運動と回転運動が同時に起きても，それぞれ別に扱うことができる．摩擦が両者を結びつけているのである．

という関係が成立する．これを用いると x, ω のどちらかを消すことができる．ω を消去すると

$$\left(M + \frac{I}{a^2}\right)\frac{d^2x}{dt^2} = Mg\sin\alpha \tag{6.7}$$

x を消去すると

$$(I + Ma^2)\frac{d\omega}{dt} = Mga\sin\alpha \tag{6.8}$$

が得られる．どちらも x, ω 以外はすべて定数なので，解かなくても，x については等加速度運動，ω については等角加速度運動になることはわかる．さらに，方程式を見るだけでわかることがある．

式 (6.7) を見ると，右辺は斜面上にある質量 M の物体に働く力であるのに対し，左辺の質量に対応する部分は $M + \dfrac{I}{a^2}$ なので，力に比べて質量が大きい形になっている．つまり，回転せずに滑って落ちる場合に比べてゆっくり落ちることになる．

同様に，式 (6.8) を見ると，右辺は斜面方向の重力による力のモーメントである．左辺は円板の慣性モーメント I に Ma^2 が付け加わっており，慣性モーメントが大きい形になっている．単純に円板を回転だけさせる場合に比べて，ゆっくりしか回転しないことがわかる．

この関係は，エネルギーの観点から見ると一目瞭然になる．転がり落ちる高低差を h，転がり落ちた位置での速さを v，角速度を ω とすると，エネルギー保存則は

$$Mgh = \frac{1}{2}Mv^2 + \frac{1}{2}I\omega^2$$

と書ける．もし回転がなければ，位置エネルギー Mgh はすべて運動エネルギーに変わる．しかし，回転がある分だけそちらにエネルギーが渡されるので，運動エネルギーは小さくなり，回転の運動エネルギーも位置エネルギーの一部しか受けとれない．そのため，速さも角速度も，エネルギーが全部使える場合に比べて小さくなるのである．

例題 6.4　図のように，質量 M，半径 a の滑車に糸を巻き付け，質量 m のおもりを吊す．おもりが h だけ落下したときの，滑車の角速度 ω を求めよ．ただし，滑車の慣性モーメントは $I = \dfrac{1}{2}Ma^2$，おもりと滑車は最初は静止していたものとする．

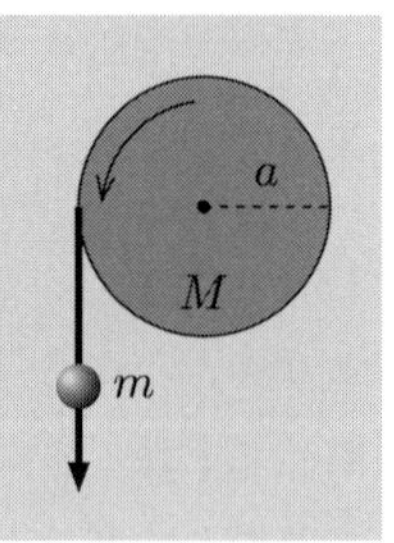

解答　**運動方程式を解くやり方**

おもりの最初の位置を $x = 0$ として，下向きに x 軸をとる．最初の滑車の角度を $\theta = 0$ とすると，$x = a\theta$ という関係になる．糸の張力を T とおくと，滑車の回転軸についての力のモーメントは aT，おもりに働く力は重力と合わせて $mg - T$ となる．したがって，滑車の回転の運動方程式とおもりの運動方程式は

$$I\frac{d^2\theta}{dt^2} = aT$$

$$m\frac{d^2x}{dt^2} = mg - T$$

である．T を消去して，$\theta = \dfrac{x}{a}$ を使って書き直すと

$$\frac{I}{a^2}\frac{d^2x}{dt^2} + m\frac{d^2x}{dt^2} = mg$$

$$\therefore \quad \frac{d^2x}{dt^2} = \frac{mga^2}{I + ma^2}$$

となる．これを解くと

$$v_x = \frac{mga^2}{I + ma^2}t + C_1$$

$$x = \frac{mga^2}{2(I + ma^2)}t^2 + C_1 t + C_2$$

初期条件は，$t = 0$ で $v_x = 0$, $x = 0$ なので，$C_1 = C_2 = 0$．したがって，$x = h$ となる時刻は

$$h = \frac{mga^2}{2(I + ma^2)}t^2 \quad \rightarrow \quad t = \sqrt{\frac{2(I + ma^2)h}{mga^2}}$$

そのときの滑車の角速度は

$$\begin{aligned} \omega &= \frac{v_x}{a} \\ &= \frac{1}{a}\frac{mga^2}{I + ma^2}\sqrt{\frac{2(I + ma^2)h}{mga^2}} \\ &= \frac{1}{a}\sqrt{\frac{4mgh}{M + 2m}} \end{aligned}$$

エネルギー保存則を使うやり方

最初のおもりの位置を高さ h，そこから h だけ落下したときのおもりの速さを v とする．エネルギー保存則は

$$0 + mgh + 0 = \frac{1}{2}mv^2 + 0 + \frac{1}{2}I\omega^2$$

$v = a\omega$ なので

$$\begin{aligned} mgh &= \frac{1}{2}m(a\omega)^2 + \frac{1}{2}\left(\frac{1}{2}Ma^2\right)\omega^2 \\ &= \frac{1}{4}(2m + M)a^2\omega^2 \end{aligned}$$

$$\therefore \quad \omega = \frac{1}{a}\sqrt{\frac{4mgh}{M + 2m}}$$

となる．ただし，この場合は落下したときの速さは得られるが，その時刻は得られない． ∎

6.6 その他

慣性モーメントの計算方法

6.4 節の積分以外の求め方もある．ここではその1つを紹介する．例3の球の慣性モーメントを円板の慣性モーメントを利用して計算するやり方である．

球を回転軸 (z 軸) と垂直に薄く切り分けたとしよう．切り分ける位置を z, 厚みを dz とすると，切り出されるものは，半径 $r=\sqrt{a^2-z^2}$, 質量 $M'=\rho\pi(a^2-z^2)\,dz$ の円板である．この薄い円板の慣性モーメントを dI と書くと

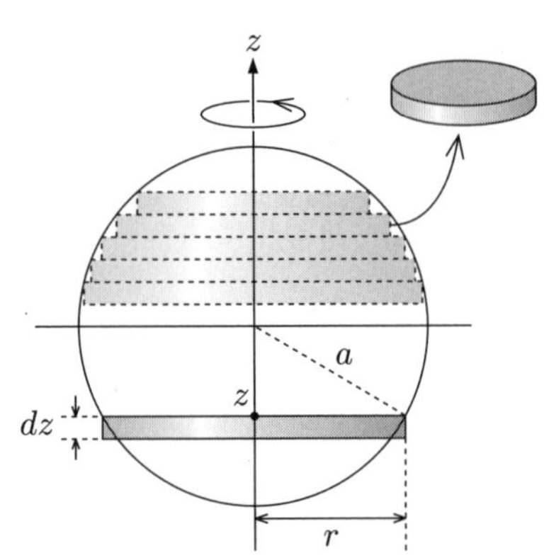

$$dI=\frac{1}{2}M'r^2=\frac{1}{2}\left(\rho\pi(a^2-z^2)\,dz\right)(a^2-z^2)$$

である．球全体の慣性モーメント I はこの dI を $z=-a$ から $z=a$ まで集めてできるので，

$$\begin{aligned}I&=\int_{\text{球全体}}dI\\&=\int_{-a}^{a}\frac{1}{2}\rho\pi(a^2-z^2)^2\,dz\\&=\frac{8}{15}\rho\pi a^5\\&=\frac{2}{5}Ma^2\end{aligned}$$

となる．円板の慣性モーメントが $\frac{1}{2}Ma^2$ であることをあらかじめ知っていないとできないが，場合によっては役に立つ計算方法である．たとえば，円柱や円錐の場合に，中心軸と垂直で，重心を通る軸についての慣性モーメントは，この節のやり方と，平行軸の定理を利用して計算する．

形状	慣性モーメント	軸
半径 a，高さ h の円柱	$\frac{1}{4}Ma^2+\frac{1}{12}Mh^2$	
半径 a，高さ h の円錐	$\frac{3}{20}Ma^2+\frac{3}{80}Mh^2$	

平行軸の定理

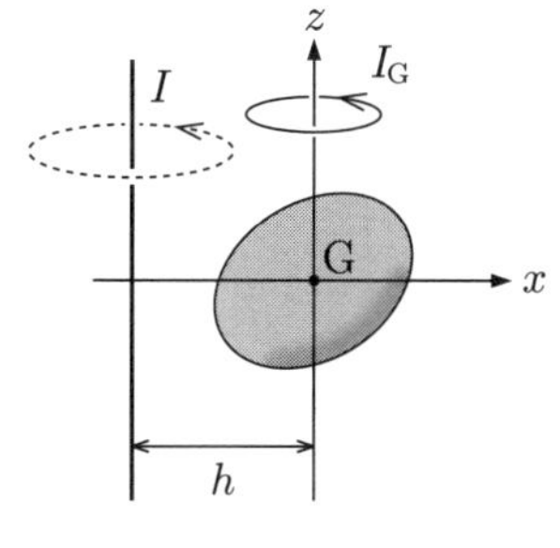

図のように，重心 G を通る軸に関する慣性モーメントを I_G，それと平行な軸に関する慣性モーメントを I とすると

$$I = I_G + Mh^2$$

という関係が成立する．ここで，M は剛体の質量，h は 2 つの軸の間の距離である．イメージとしては，地球を中心としたとき，月の慣性モーメントは，公転の部分 Mh^2 と自転の部分 I_G の和になるということである．

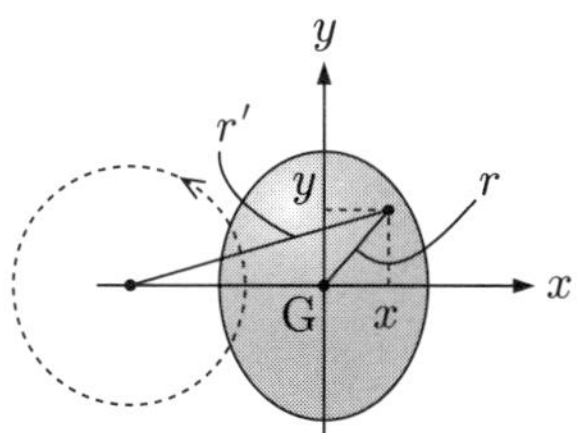

【証明】

重心 G の位置を原点にし，重心を通る軸に一致するように z 軸をとる．平行な軸は $x = -h$ の位置にあるとしよう．

$$I_G = \int \rho r^2 \, dV = \int \rho (x^2 + y^2) \, dV$$

である．ただし，ここでは dV は座標 $(x,\ y)$ の位置にある微小体積とする．一方，

$$\begin{aligned} I &= \int \rho r'^2 \, dV = \int \rho \left\{ (x+h)^2 + y^2 \right\} dV \\ &= I_G + h^2 \int \rho \, dV + 2h \int \rho x \, dV \\ &= I_G + Mh^2 \end{aligned}$$

となる．ここで，$M = \int \rho \, dV$，また $\int \rho x \, dV$ は重心の x 座標なので，いまの場合，ゼロであることを用いた．

これを使うと，重心を通らないどのような軸に関する慣性モーメントも簡単に求められるので，かなり役に立つ定理である．

直交軸の定理

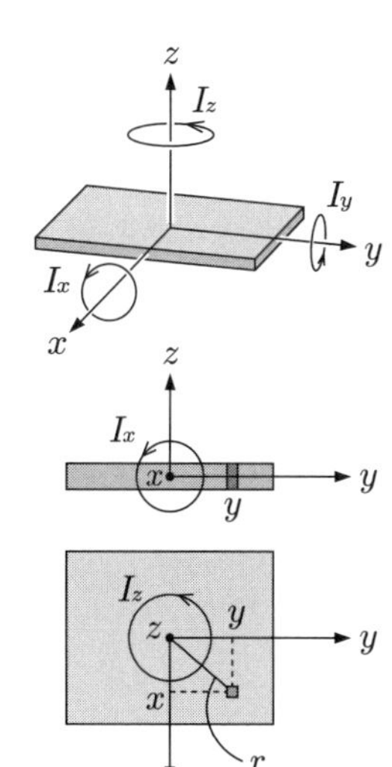

図のように，薄い板が xy 平面内にあるとき，x 軸，y 軸，z 軸回りの慣性モーメントをそれぞれ I_x, I_y, I_z とすると次の関係式が成立する．

$$I_z = I_x + I_y$$

【証明】

$$I_z = \int \rho r^2 \, dV = \int \rho (x^2 + y^2) \, dV$$

である．ここでは dV は座標 (x, y) の位置にある微小体積とする．一方，同じ座標 (x, y) までの距離は，x 軸方向から見ると

y，y 軸方向から見ると x に等しいので

$$I_x = \int \rho r'^2 \, dV = \int \rho y^2 \, dV$$

$$I_y = \int \rho r''^2 \, dV = \int \rho x^2 \, dV$$

である．したがって

$$I_z = \int \rho(x^2 + y^2) \, dV = I_y + I_x$$

板の形が円や正方形などの場合は $I_x = I_y$ となるので，I_z，I_x の一方から他方を簡単に導くことができる．ただし，実際の問題にこの定理を適用するときは，薄い板という条件があることに注意しなければならない．

剛体振り子

図のように，剛体が重心とは異なる点が固定されているとき，その点の回りに振り子の運動をする．これを剛体振り子という．回転軸と重心の距離を h，鉛直軸からの角度を θ とすると，重心に働く重力による力のモーメントは $-h \cdot Mg \sin\theta$ と書ける．したがって，回転の運動方程式は

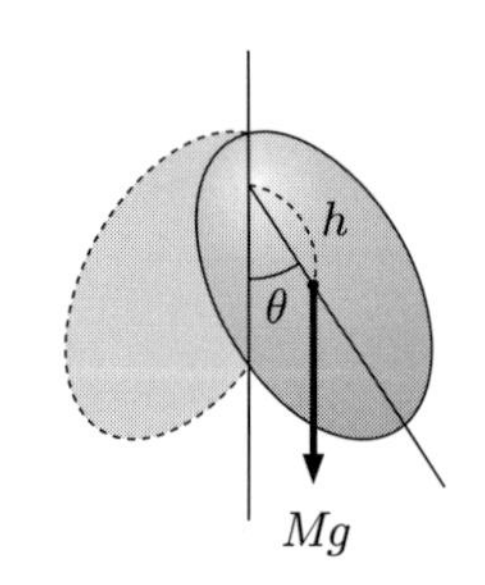

$$I \frac{d\omega}{dt} = -h \cdot Mg \sin\theta$$

である．I は回転軸についての剛体の慣性モーメントである (重心についての慣性モーメントではない)．ω を θ で書き直して式を整理すると

$$\frac{d^2\theta}{dt^2} = -\left(\frac{hMg}{I}\right) \sin\theta$$

となる．これは糸の長さ l の振り子の運動方程式

$$\frac{d^2\theta}{dt^2} = -\left(\frac{g}{l}\right) \sin\theta$$

と同じ形なので，剛体振り子も振り子と同じ運動を行う．振り子の運動が単振動ではないのと同様に，剛体振り子の運動も単振動ではない．単振動とみなせるためには，θ が小さく，$\sin\theta \simeq \theta$ と近似できる必要がある．そのとき，運動方程式が

$$\frac{d^2\theta}{dt^2} \simeq -\left(\frac{hMg}{I}\right) \theta$$

となり，単振動の式に帰着する．なお，単振動の角振動数 ω_0 は

$$\omega_0 = \sqrt{\frac{hMg}{I}}$$

である．

◆◆練習問題 6 ◆◆

特に指定がない場合は，物体の質量は M で，密度 ρ は一定とする．また必要に応じて，重力加速度の大きさ g を用いてよい．

1. 長さ 36 cm の棒の左端に 50 g のおもり，右端に 70 g のおもりをつける．次の場合に重心の位置 (左端からの長さ) を計算せよ．

(1) 棒の質量が無視できる場合

(2) 棒の質量が 60 g の場合

2. 中心角 $2\pi/3$，半径 r の扇がある．5 個の同じ質量のおもりを，扇の弧に沿って $\pi/6$ ごとに 1 つずつつける．扇の質量が無視できるとして，重心の位置を求めよ．

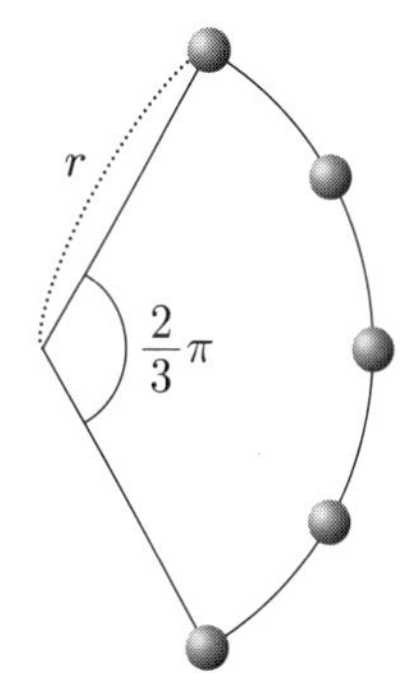

3. 以下の物体の重心を積分を用いて求めよ．

(1) 底辺の長さが l の細長い直角三角形板 (高さは a とするが，重心の横方向の位置だけを求めればよい)

(2) 中心角 $\pi/2$，半径 r の扇形板

(3) 一辺が a，高さが h の正四角錐

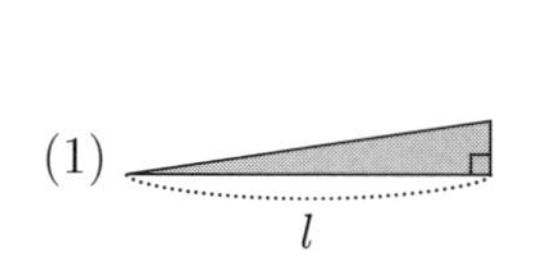

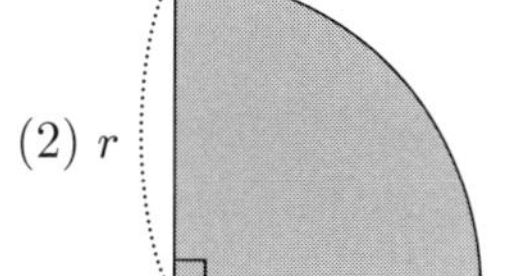

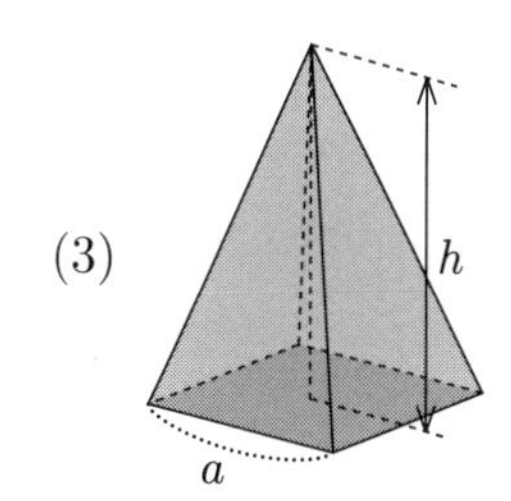

4. 図のような，高さ $2h$ の円柱から高さ h の円錐をくりぬいた物体の重心について以下の問に答えよ．ただし，円錐をくりぬく前の円柱の質量を M とする．

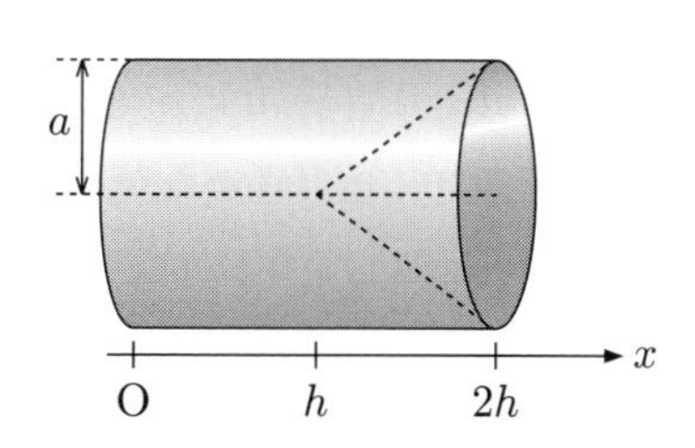

(1) くりぬく前の円柱の重心の位置 (x 座標) はどこか．

(2) くりぬく予定の円錐の重心の位置はどこか．

(3) くりぬいた円錐と残りの円柱の質量を M で表せ．

(4) くりぬいた残りの円柱の重心の位置を x として，これと円錐を合わせた重心が (1) の位置になることから x を求めよ．

5. 長さ L，重さ W の棒が角度 θ で壁に立てかけてある．壁は滑らかだが，床は粗いとする場合に，棒が床から受ける力 $\boldsymbol{P}$ と壁から受ける力 $\boldsymbol{Q}$ を求めよ．

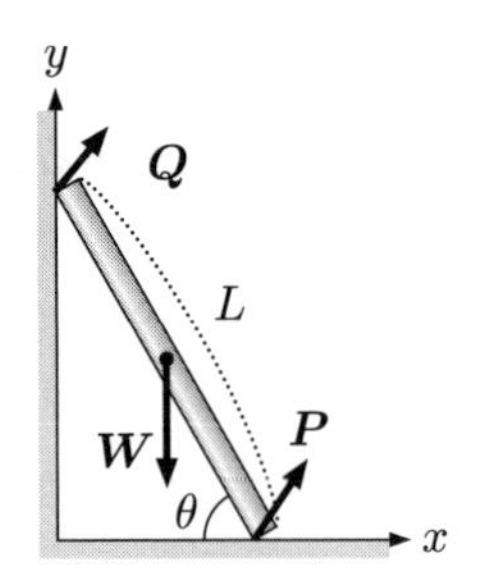

6. 棒の長さより壁が低く，図のように棒の端から l の位置で壁の角に接触するように立てかけたとき，前問と同様に力 $\boldsymbol{P}, \boldsymbol{Q}$ を求めよ．

(1) 床は滑らかだが，壁は粗いとする場合

(2) 壁は滑らかだが，床は粗いとする場合

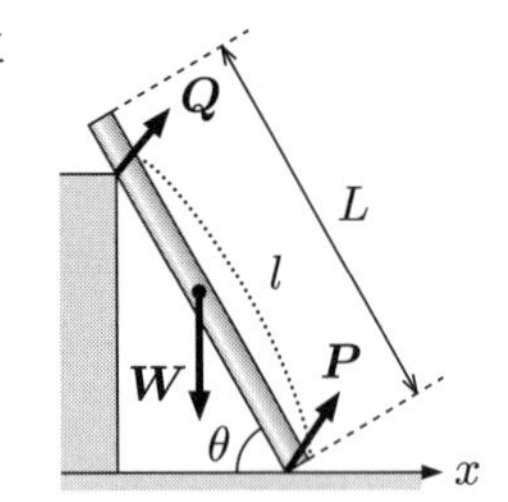

7. 重さ W，一辺 a の薄い正方形板が粗い床の上にある．上面の左端に大きさ P の右向きの力を加えたが，正方形板は静止していた．

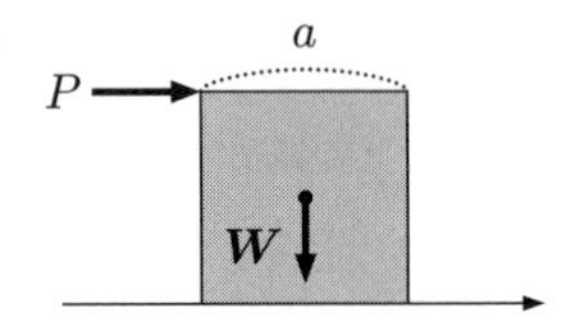

(1) 床からの抗力 (垂直抗力の大きさ N と摩擦力の大きさ F) を求めよ．

(2) 抗力の作用点 (正方形板の底面での左端からの距離) を求めよ．

8. 角度 θ の斜面上に，重さ W，一辺 a の薄い正方形板が静止している．床からの抗力の作用点は，正方形板の底面の中央ではなく，重心を通る鉛直線上になければならない．このことを力のモーメントを考えることにより示せ．

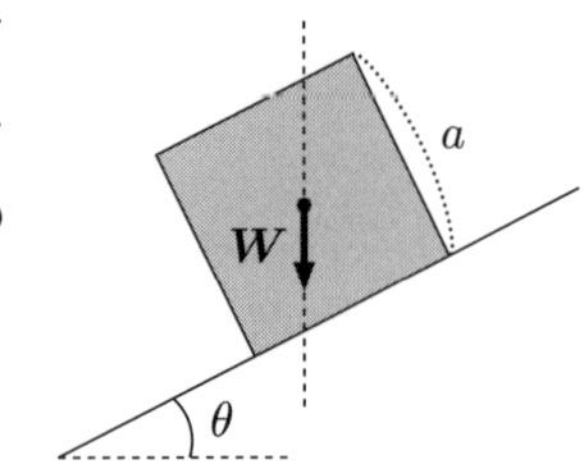

9. 質量の無視できる長さ $2l$ の棒の，中央から $l/2$，l の位置にそれぞれ質量 m のおもりをつける (全部で 4 個)．棒の中央を通り，棒と垂直な軸の回りに回転するときの全体の慣性モーメントを求めよ．

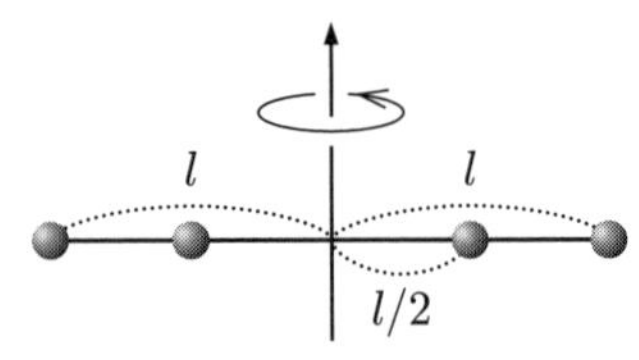

10. 質量 M，一辺 a の正方形板の慣性モーメントを，以下の場合について積分で求めよ．ただし，板の厚さは b であるが，十分薄いものとする．

(1) 正方形板を長方形に 2 等分する軸の回りに回転する場合

(2) 正方形板を対角線の回りに回転する場合

11. 一辺 a の正方形を対角線の回りに回転してできる立体 (そろばんの珠の形) がある．これを回転軸の回りに回転させるときの慣性モーメントを積分で求めよ．

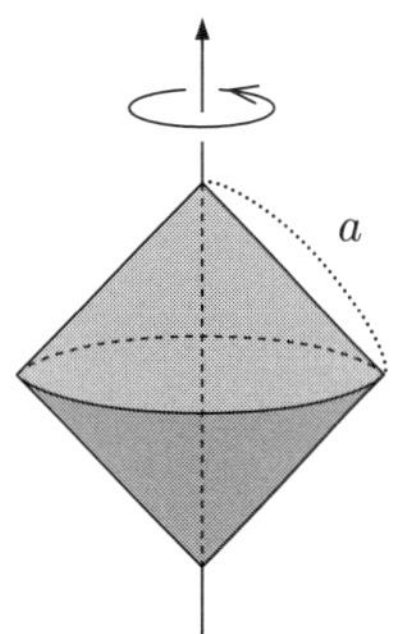

12. 外径 a，内径 b，質量 M の中空の球殻を，直径の回りに回転させるときの慣性モーメントについて，以下の問に答えよ．ただし，

- 2 つの物体を同じ軸の回りに回転するときの慣性モーメントは，それぞれの慣性モーメントの和である．
- 空洞のない球の慣性モーメントは $\dfrac{2}{5}Ma^2$ である．

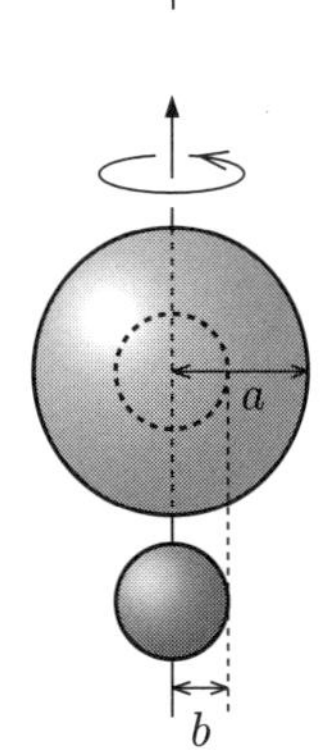

(1) 中空の球殻の体積と密度を求めよ．

(2) (1) の材質で作った，空洞のない半径 a の球の質量と慣性モーメントを求めよ．

(3) 図のように，中空の球殻と半径 b の球を合体すれば，半径 a の空洞のない球になる．このことから中空の球殻の慣性モーメントを求めよ．

13. 半径 a の円柱にひもを巻き付け，大きさ F の一定の力で引っ張って回転させる．円柱の慣性モーメントは $\dfrac{1}{2}Ma^2$ であり，ひもがすべることはないとする．

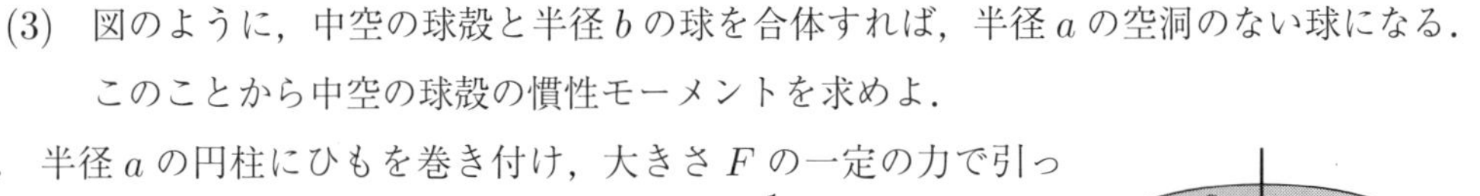

(1) 円柱の回転の運動方程式を書け．

(2) 運動方程式を解き，角 θ について一般解を求めよ．

(3) 最初静止していたとして，角速度の値が ω_0 になるまでの時間を求めよ．

(4) ひもの長さを l として，全部引き終る時間を求めよ．

(5) 引き終ったときの角速度を求めよ．

14. 半径 a のタイヤがあり，この慣性モーメントを $\dfrac{8}{9}Ma^2$ とする．半径 $\dfrac{a}{3}$ の位置にブレーキがあり，タイヤに大きさ F の一定の摩擦力を加えることができる．

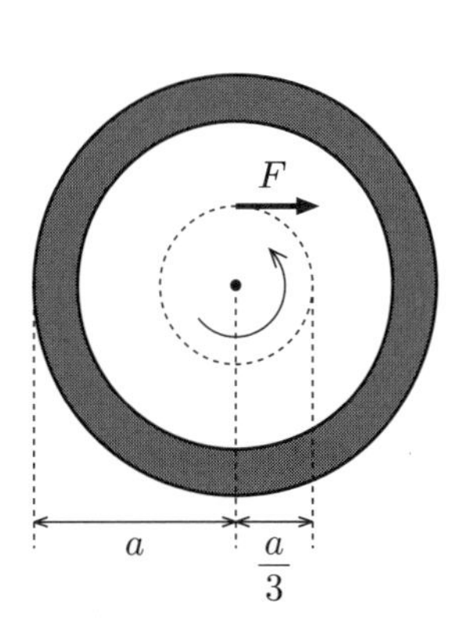

(1) ブレーキをかけているときのタイヤの回転の運動方程式を書け．

(2) 運動方程式を解き，角 θ について一般解を求めよ．

(3) 最初，角速度 ω_0 で回転していたとする．静止するまでの時間を求めよ．

(4) 静止するまでに何回転したかを求めよ．

(5) 最初タイヤのもっていた回転の運動エネルギーを書け．

(6) 静止するまでにブレーキの摩擦力がした仕事を求めよ．仕事の計算では，タイヤの上をブレーキパッドが滑っていくと考え，そのときにブレーキパッドに働く摩擦力の向きと，パッドの運動する向きも考慮せよ．

15. 長さ l の細い棒が，一端を中心に回転できるようになっている．図のように，真下に来たときの角速度を ω_0 とする．以下の問に答えよ．

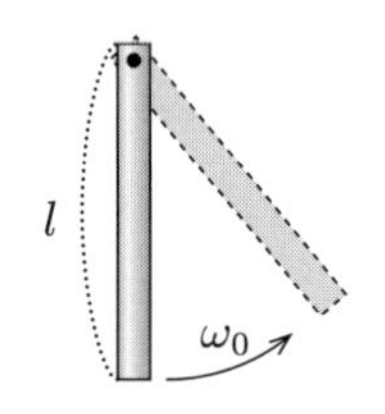

(1) 棒の端点についての慣性モーメントを求めよ．

(2) 真下に来たときの，棒の回転の運動エネルギーを書け．

(3) 棒が1回転するために必要な最小の角速度 ω_0 を，エネルギー保存則を用いて求めよ．

16. 質量 M，半径 a，慣性モーメント $\frac{1}{2}Ma^2$ のヨーヨーがある．軸の半径は $\frac{a}{5}$ である．ひもが滑ることはないものとして，以下の問に答えよ．

(1) 長さ h のひもをヨーヨーの外周 (半径 a) に巻いて自然に落下させる．ひもが全部ほどけたときのヨーヨーの角速度をエネルギー保存則を用いて求めよ．

(2) 同じひもをヨーヨーの軸に巻いて同様に落下させたときの角速度をエネルギー保存則を用いて求めよ．

(3) ヨーヨーの位置が変わらないようにひもを引きながら回転させると，ひもを引く力はヨーヨーに加わる重力の大きさに等しくなる．ひもを引く力のした仕事はすべて回転のエネルギーに変わる．このときの角速度を求めよ．

◇◈答◈◇

1. (1) 21 cm　(2) 20 cm

2. 扇の対称軸上で，扇のかなめから $\dfrac{2+\sqrt{3}}{5}r$ の位置

3. (1) 左端から $\dfrac{2}{3}l$　(2) 扇の両辺から $\dfrac{4r}{3\pi}$ の位置　(3) 中心軸上で，底面から $\dfrac{1}{4}h$ の位置

4. (1) $x=h$　(2) $x=\dfrac{7}{4}h$　(3) $\dfrac{1}{6}M,\ \dfrac{5}{6}M$　(4) $x=\dfrac{17}{20}h$

5. $\boldsymbol{P}=\left(-\dfrac{\cos\theta}{2\sin\theta}W,\ W\right),\ \boldsymbol{Q}=\left(\dfrac{\cos\theta}{2\sin\theta}W,\ 0\right)$

6. (1) $\boldsymbol{P}=\left(0,\ \left(1-\dfrac{L}{2l}\right)W\right),\ \boldsymbol{Q}=\left(0,\ \dfrac{L}{2l}W\right)$

(2) $\boldsymbol{P}=\left(-\dfrac{L}{2l}\sin\theta\cos\theta\, W,\ \left(1-\dfrac{L}{2l}\cos^2\theta\right)W\right),$

$\boldsymbol{Q}=\left(\dfrac{L}{2l}\sin\theta\cos\theta\, W,\ \dfrac{L}{2l}\cos^2\theta\, W\right)$

7. (1) $N=W,\ F=P$　(2) $\left(\dfrac{1}{2}+\dfrac{P}{W}\right)a$

8. 抗力は $-\boldsymbol{W}$

9. $\dfrac{5}{2}ml^2$

10. (1) $\dfrac{1}{12}Ma^2$　(2) $\dfrac{1}{12}Ma^2$

11. $\dfrac{3}{20}Ma^2$

12. (1) 体積 $\dfrac{4\pi}{3}(a^3-b^3)$，　密度 $\dfrac{3M}{4\pi(a^3-b^3)}$

(2) 質量 $\dfrac{Ma^3}{a^3-b^3}$，　慣性モーメント $\dfrac{2}{5}\dfrac{Ma^5}{a^3-b^3}$　(3) $\dfrac{2}{5}\dfrac{M(a^5-b^5)}{a^3-b^3}$

13. (1) $\dfrac{1}{2}Ma^2\dfrac{d\omega}{dt}=aF$　(2) $\theta=\dfrac{F}{Ma}t^2+C_1t+C_2$　(3) $\dfrac{Ma}{2F}\omega_0$　(4) $\sqrt{\dfrac{Ml}{F}}$

(5) $\dfrac{2}{a}\sqrt{\dfrac{Fl}{M}}$

14. (1) $\dfrac{8}{9}Ma^2\dfrac{d\omega}{dt}=-\dfrac{a}{3}F$　(2) $\theta=-\dfrac{3}{16Ma}Ft^2+C_1t+C_2$　(3) $\dfrac{8Ma}{3F}\omega_0$

(4) $\dfrac{1}{2\pi}\dfrac{4Ma}{3F}{\omega_0}^2$ 回転　(5) $\dfrac{4}{9}Ma^2{\omega_0}^2$　(6) $-\dfrac{4}{9}Ma^2{\omega_0}^2$

15. (1) $\dfrac{1}{3}Ml^2$　(2) $\dfrac{1}{6}Ml^2{\omega_0}^2$　(3) $\sqrt{\dfrac{6g}{l}}$

16. (1) $\omega=\sqrt{\dfrac{4gh}{3a^2}}$　(2) $\omega=\sqrt{\dfrac{100gh}{27a^2}}$　(3) $\omega=\sqrt{\dfrac{4gh}{a^2}}$

公式集

三角関数

$$\cos\theta = \frac{x}{r}, \qquad \sin\theta = \frac{y}{r}, \qquad \tan\theta = \frac{\sin\theta}{\cos\theta}, \qquad (r = \sqrt{x^2+y^2})$$

$$\sin^2\theta + \cos^2\theta = 1, \qquad 1 + \tan^2\theta = \frac{1}{\cos^2\theta}$$

$$\sin(-\theta) = -\sin\theta, \qquad \cos(-\theta) = \cos\theta$$

$$\sin\left(\theta + \frac{\pi}{2}\right) = \cos\theta, \qquad \sin\left(\theta - \frac{\pi}{2}\right) = -\cos\theta, \qquad \sin(\theta + \pi) = -\sin\theta$$

$$\cos\left(\theta + \frac{\pi}{2}\right) = -\sin\theta, \qquad \cos\left(\theta - \frac{\pi}{2}\right) = \sin\theta, \qquad \cos(\theta + \pi) = -\cos\theta$$

加法定理

$$\sin(\alpha \pm \beta) = \sin\alpha\cos\beta \pm \cos\alpha\sin\beta \quad (\text{複号同順})$$

$$\cos(\alpha \pm \beta) = \cos\alpha\cos\beta \mp \sin\alpha\sin\beta \quad (\text{複号同順})$$

$$\tan(\alpha \pm \beta) = \frac{\tan\alpha \pm \tan\beta}{1 \mp \tan\alpha\tan\beta} \quad (\text{複号同順})$$

積和・和積公式

$$\cos\alpha\cos\beta = \frac{1}{2}\{\cos(\alpha-\beta) + \cos(\alpha+\beta)\}$$

$$\sin\alpha\sin\beta = \frac{1}{2}\{\cos(\alpha-\beta) - \cos(\alpha+\beta)\}$$

$$\sin\alpha\cos\beta = \frac{1}{2}\{\sin(\alpha+\beta) + \sin(\alpha-\beta)\}$$

$$\cos\alpha\sin\beta = \frac{1}{2}\{\sin(\alpha+\beta) - \sin(\alpha-\beta)\}$$

$$\sin\alpha \pm \sin\beta = 2\sin\left(\frac{\alpha\pm\beta}{2}\right)\cos\left(\frac{\alpha\mp\beta}{2}\right) \quad (\text{複号同順})$$

$$\cos\alpha + \cos\beta = 2\cos\left(\frac{\alpha+\beta}{2}\right)\cos\left(\frac{\alpha-\beta}{2}\right)$$

$$\cos\alpha - \cos\beta = -2\sin\left(\frac{\alpha+\beta}{2}\right)\sin\left(\frac{\alpha-\beta}{2}\right)$$

倍角公式

$$\sin 2\theta = 2\sin\theta\cos\theta, \qquad \cos 2\theta = \cos^2\theta - \sin^2\theta, \qquad \tan 2\theta = \frac{2\tan\theta}{1-\tan^2\theta}$$

半角公式

$$\sin^2\frac{\theta}{2} = \frac{1-\cos\theta}{2}, \qquad \cos^2\frac{\theta}{2} = \frac{1+\cos\theta}{2}, \qquad \tan\frac{\theta}{2} = \frac{\sin\theta}{1+\cos\theta} = \frac{1-\cos\theta}{\sin\theta}$$

指数関数・対数関数

指数・対数

$$a^0 = 1, \qquad a^{m+n} = a^m \cdot a^n, \qquad a^{-n} = \frac{1}{a^n}, \qquad (a^n)^m = a^{mn}, \qquad a^{1/n} = \sqrt[n]{a}$$

$$\log 1 = 0, \qquad \log(AB) = \log A + \log B, \qquad \log(A^n) = n\log A$$

$$\log\left(\frac{1}{A}\right) = \log(A^{-1}) = -\log A,$$

指数関数・対数関数

$$y = e^x \Longleftrightarrow y = \log x \quad (\text{逆関数}), \qquad e = 2.71828\cdots \quad (\text{自然対数の底})$$

オイラーの公式

$$e^{i\theta} = \cos\theta + i\sin\theta, \qquad \sin\theta = \frac{e^{i\theta} - e^{-i\theta}}{2i}, \qquad \cos\theta = \frac{e^{i\theta} + e^{-i\theta}}{2}$$

ド・モアブルの公式

$$(\cos\theta + i\sin\theta)^n = \cos n\theta + i\sin n\theta \quad (= e^{in\theta})$$

微分・積分

主な関数の微分

関数	x^n	$\sin x$	$\cos x$	$\tan x$	e^x	$\log x$
導関数	nx^{n-1}	$\cos x$	$-\sin x$	$\dfrac{1}{\cos^2 x}$	e^x	$\dfrac{1}{x}$

主な関数の積分

関数	x^n $(n \neq -1)$	$\sin x$	$\cos x$	$\tan x$	e^x	$\dfrac{1}{x}$
原始関数	$\dfrac{1}{n+1}x^{n+1}$	$-\cos x$	$\sin x$	$-\log\lvert\cos x\rvert$	e^x	$\log x$

ライプニッツ則

$$\frac{d}{dx}\Bigl(f\cdot g\Bigr) = \frac{df}{dx}\cdot g + f\cdot\frac{dg}{dx} \qquad (\text{ただし } f,\ g \text{ は } x \text{ の関数})$$

部分積分

$$\int \frac{df}{dx} \cdot g\ dx = f \cdot g - \int f \cdot \frac{dg}{dx}\ dx \qquad (\text{ただし}\ f,\ g\ \text{は}\ x\ \text{の関数})$$

合成関数の微分

$$\frac{d}{dx}\Big(F[G(x)]\Big) = f[G(x)] \cdot g(x) \qquad \left(\text{ただし}\frac{dF(u)}{du} = f(u),\ \frac{dG(x)}{dx} = g(x)\ \right)$$

置換積分

$$\begin{aligned} &\int f[G(x)] \cdot g(x)\ dx \\ &\qquad = \int f[G(x)] \cdot \frac{dG(x)}{dx}\ dx \\ &\qquad = \int f[G]\ dG \\ &\qquad = F[G(x)] + C \qquad \left(\text{ただし}\ g(x) = \frac{dG(x)}{dx},\ \int f(x)\ dx = F(x) + C\right) \end{aligned}$$

テイラー (Taylor) 展開

$$\begin{aligned} f(x) =& f(a) + \frac{1}{1!}f^{(1)}(a)(x-a) + \frac{1}{2!}f^{(2)}(a)(x-a)^2 + \frac{1}{3!}f^{(3)}(a)(x-a)^3 + \cdots \\ =& \sum_{n=0}^{\infty} \frac{1}{n!}f^{(n)}(a)(x-a)^n \end{aligned}$$

(関数を $x = a$ の近くで級数にすること.

$f^{(n)}(a)$ は $f(x)$ の n 次導関数 (n 回微分したもの) の $x = a$ での値.)

近似

$$f(x) \simeq f(a) + \frac{1}{1!}f^{(1)}(a)(x-a)$$

($x - a$ が小さいとして，テイラー展開を適当な次数で打ち切るという方法.

$x - a$ の 1 乗で打ち切ると 1 次の近似, 2 乗なら 2 次の近似と呼ぶ.)

ベクトル

大きさ

$$\boldsymbol{A} = (A_x, A_y, A_z), \qquad A = |\boldsymbol{A}| = \sqrt{{A_x}^2 + {A_y}^2 + {A_z}^2}$$

和と定数倍

和　$\boldsymbol{A} + \boldsymbol{B} = (A_x + B_x,\ A_y + B_y,\ A_z + B_z)$

定数倍　$c\boldsymbol{A} = (cA_x,\ cA_y,\ cA_z)$

内積

$$\boldsymbol{A}\cdot\boldsymbol{B} = A_xB_x + A_yB_y + A_zB_z$$
$$= AB\cos\theta$$

外積

$$\boldsymbol{A}\times\boldsymbol{B} = (A_yB_z - A_zB_y,\ A_zB_x - A_xB_z,\ A_xB_y - A_yB_x)$$
$$= -\boldsymbol{B}\times\boldsymbol{A}$$
$$|\boldsymbol{A}\times\boldsymbol{B}| = AB\sin\theta$$

基底ベクトル

$$\boldsymbol{i} = (1,0,0), \qquad \boldsymbol{i}\times\boldsymbol{j} = -\boldsymbol{j}\times\boldsymbol{i} = \boldsymbol{k}$$
$$\boldsymbol{j} = (0,1,0), \qquad \boldsymbol{j}\times\boldsymbol{k} = -\boldsymbol{k}\times\boldsymbol{j} = \boldsymbol{i}$$
$$\boldsymbol{k} = (0,0,1), \qquad \boldsymbol{k}\times\boldsymbol{i} = -\boldsymbol{i}\times\boldsymbol{k} = \boldsymbol{j}$$
$$\boldsymbol{i}\cdot\boldsymbol{i} = \boldsymbol{j}\cdot\boldsymbol{j} = \boldsymbol{k}\cdot\boldsymbol{k} = 1$$
$$\boldsymbol{i}\cdot\boldsymbol{j} = \boldsymbol{j}\cdot\boldsymbol{i} = \boldsymbol{j}\cdot\boldsymbol{k} = \boldsymbol{k}\cdot\boldsymbol{j} = \boldsymbol{k}\cdot\boldsymbol{i} = \boldsymbol{i}\cdot\boldsymbol{k} = 0$$

基底ベクトルによる表現

$$\boldsymbol{A} = A_x\boldsymbol{i} + A_y\boldsymbol{j} + A_z\boldsymbol{k}$$

外積の行列式による表現

$$\boldsymbol{A}\times\boldsymbol{B} = \begin{vmatrix} A_x & A_y & A_z \\ B_x & B_y & B_z \\ \boldsymbol{i} & \boldsymbol{j} & \boldsymbol{k} \end{vmatrix} = \begin{vmatrix} \boldsymbol{i} & \boldsymbol{j} & \boldsymbol{k} \\ A_x & A_y & A_z \\ B_x & B_y & B_z \end{vmatrix} = \begin{vmatrix} A_x & B_x & \boldsymbol{i} \\ A_y & B_y & \boldsymbol{j} \\ A_z & B_z & \boldsymbol{k} \end{vmatrix} \quad \text{など}$$

別の記号

$$\boldsymbol{e}_x = \boldsymbol{e}_1 = \boldsymbol{i}, \qquad \boldsymbol{e}_y = \boldsymbol{e}_2 = \boldsymbol{j}, \qquad \boldsymbol{e}_z = \boldsymbol{e}_3 = \boldsymbol{k}$$

索　引

■ あ 行
位置エネルギー
(potential energy) 66
位置ベクトル
(position vector) 9
一般解 (general solution) 29
渦なし条件 76
運動エネルギー
(kinetic energy) 66
運動方程式
(equation of motion) 18
回転の— 91, 103
運動量 (momentum) 80
運動量保存則 (conservation of momentum) 80
エネルギー (energy) 66
—保存則 (conservation of energy) 66
オイラーの公式
(Euler's formula) 50

■ か 行
外積 (outer product) 8
回転運動
(rotational motion) 89
回転運動のエネルギー 104
回転の運動方程式 91, 103
角運動量
(angular momentum) 81
角運動量保存則 (conservation of angular momentum) 81
角振動数
(angular frequency) 46
角速度 (angular velocity) 15
過減衰 (overdamping) 53
加速度 (acceleration) 10
慣性モーメント
(moment of inertia) 99
基底ベクトル (base vector) 9
軌道 (trajectory) 16
共振 (resonance) 57
強制振動
(forced oscillation) 55
共鳴 57
極座標 (polar coordinates) 60
虚数 (imaginary number) 50
空気抵抗 34
減衰振動
(damped oscillation) 52, 54
合成関数の微分 4
剛体 (rigid body) 89
剛体振り子 110
固有振動数
(eigenfrequency) 56

■ さ 行
作用線 96
作用点 96, 98
三角関数
(trigonometric function) 1
次元 (dimension) 17
次元解析
(dimensional analysis) 17
仕事 (work) 69
指数関数
(exponential function) 2
実数 (real number) 50
質点 (point mass, material point) 89
質量中心 (center of mass) 90
周期 (period) 46
重心 (center of gravity) 90
終端速度
(terminal velocity) 37
自由度 (degree of freedom) 89
重力 (gravity) 20
初期位相 (initial phase) 15
初期条件
(initial condition) 30
振動数 (frequency) 46
振動の合成 59
振幅 (amplitude) 46
スカラー (scalar) 7
斉次方程式 56
積分 (integral, integration) 4
積分定数
(constant of integration) 29
積分路 68
線積分 (line integral) 68
線密度 101
速度 (velocity) 10

■ た 行
対数関数
(logarithmic function) 2
体積積分 (volume integral) 94
単位 (unit) 17
単位ベクトル (unit vector) 9
単振動
(harmonic oscillation) 43
単振り子
(simple pendulum) 57
力 (force) 18
力のモーメント
(moment of force) 81
置換積分 5
直交座標
(orthogonal coordinates) 60
直交軸の定理 109
抵抗 (resistance) 20
抵抗係数 20
等加速度運動 (uniform acceleration) 14, 30
動径 (radial) 60
等速円運動 (uniform circular motion) 15
等速度運動
(uniform motion) 14, 28
特解 (particular solution) 48

■ な 行

内積 (inner product)　8
ナブラ (nabla)　75

■ は 行

ばね定数 (spring constant)　20
速さ (speed)　10
万有引力
　(universal gravitation)　21
微小体積　94
非斉次方程式　56
微分 (differential,
　differentiation)　3
複素数 (complex number)　50
浮力 (buoyancy)　20
平行軸の定理　109
並進運動
　(translational motion)　89
ベクトル (vector)　7
変数分離　28
変数変換
　(change of variable)　45
偏微分
　(partial differentiation)　74
放物線　33
保存力
　(conservative force)　72, 75
ポテンシャルエネルギー
　(potential energy)　75, 77

■ ま 行

摩擦力 (friction)　21
無次元量
　(dimensionless quantity)　18
面密度　101

■ ら 行

ラジアン (radian)　1
力学的エネルギー　66
リサジュー図形
　(Lissajous figures)　59
臨界減衰
　(critical damping)　54

力学の基礎

2015 年 10 月 31 日　第 1 版　第 1 刷　発行
2024 年 2 月 10 日　第 1 版　第 9 刷　発行

著　者　力学教科書編集委員会
発行者　発田和子
発行所　株式会社 学術図書出版社
〒113−0033　東京都文京区本郷 5 丁目 4 の 6
TEL 03−3811−0889　振替 00110−4−28454
印刷　三美印刷 (株)

定価はカバーに表示してあります.

ISBN 978−4−7806−1054−3　C3042